Nordrhein-Westfälische Akademie der Wissenschaften

Natur-, Ingenieur- und Wirtschaftswissenschaften   Vorträge · N 422

Herausgegeben von der
Nordrhein-Westfälischen Akademie der Wissenschaften

KONRAD SANDHOFF

Glykolipide der Zelloberfläche
und die Pathobiochemie der Zelle

Westdeutscher Verlag

402. Sitzung am 1. Juli 1994 in Düsseldorf

Die Deutsche Bibliothek – CIP-Einheitsaufnahme

Sandhoff, Konrad:
Glykolipide der Zelloberfläche und die Pathobiochemie der Zelle / Konrad Sandhoff. – Opladen: Westdt. Verl., 1996
   (Vorträge / Rheinisch-Westfälische Akademie der Wissenschaften: Natur-, Ingenieur- und Wirtschaftswissenschaften; N 442)

NE: Nordrhein-Westfälische Akademie der Wissenschaften ‹Düsseldorf›: Vorträge / Natur-, Ingenieur- und Wirtschaftswissenschaften

Der Westdeutsche Verlag ist ein Unternehmen der Bertelsmann Fachinformation.

© 1996 by Westdeutscher Verlag GmbH Opladen
Herstellung: Westdeutscher Verlag
ISSN 0944–8799
ISBN-13: 978-3-531-08422-0   e-ISBN-13: 978-3-322-85655-5
DOI: 10.1007/978-3-322-85655-5

Inhalt

Konrad Sandhoff, Bonn
Glykolipide der Zelloberfläche und die Pathobiochemie der Zelle

A. Proteine steuern Aufbau, Stoffwechsel und Informationsfluß einer Zelle	7
B. Struktur, Funktion und Biosynthese von Glykosphingolipiden	8
C. Topologie der Endozytose und der lysosomalen Verdauung	16
D. Der GM2-Aktivator und seine Rolle bei der lysosomalen Verdauung	22
E. Der SAP-Vorläufer wird zu vier Aktivatoren prozessiert	27
F. Pathobiochemie von Aktivatorprotein-Mangelkrankheiten	30
G. Mechanismen der Pathogenese von Lipidosen	35
H. Das Ausmaß einer Abbaustörung verursacht verschiedene klinische Verlaufsformen einer Krankheit	37
I. Pathobiochemie der Zelloberfläche	42
Literatur	45

Diskussionsbeiträge
    Professor Dr. med. *Gerd Assmann*; Professor Dr. rer. nat. *Konrad Sandhoff*, Professor Dr. rer. nat. *Hartwig Höcker* 49

A. Proteine steuern Aufbau, Stoffwechsel und Informationsfluß einer Zelle

Das menschliche Genom enthält etwa 50000 bis 100000 Gene. Deren Produkte, die Proteine (sowie in manchen Fällen bestimmte RNAs), treten als steuerbare Katalysatoren (Enzyme, Ribozyme), als Signalüberträger bzw. -verstärker (Rezeptoren) und als reversibel steuerbare Strukturelemente (z. B. im Zytoskelett) auf und ermöglichen so den zellulären Stoffwechsel und die Informationsübertragung innerhalb einer Zelle bzw. zwischen den Zellen. Zudem sind sie als Transkriptionsfaktoren im Zellkern bzw. als Oberflächenproteine an der Zelldifferenzierung, der Embryogenese und Morphogenese von Vielzellern direkt beteiligt.

In einer ausdifferenzierten Zelle wird nur ein kleiner Anteil von einigen Tausend (10000–20000) der vielen Strukturgene des menschlichen Genoms exprimiert, und zwar neben einer Grundausstattung (von ca. 2000), die allen Zellen gemeinsam ist, jeweils ein zellspezifischer Anteil. Mutationen in Strukturgenen können zum Ausfall der entsprechenden Proteine führen (z. B. bei Deletionen ganzer DNA-Abschnitte, bei der Bildung eines Stopcodons innerhalb der mRNA oder dem Auftreten von Splicemutationen). Ebenso können Mutationen Strukturveränderungen in den Proteinen auslösen und damit ihre Funktionen beeinträchtigen. Solche Mutationen, die nicht funktionsneutral sind, können ein Erbleiden auslösen. Da Proteine oft mehrere Domänen mit unterschiedlichen, sich ergänzenden Funktionen haben, sind die pathobiochemischen Konsequenzen einer Mutation ganz unterschiedlich, je nachdem, welche Domäne betroffen ist. Zur Verdeutlichung seien einige Strukturelemente bzw. Proteindomänen genannt:

– *Signalsequenzen* sind Adressen für den intrazellulären Transport von Proteinen, damit diese ihr korrektes subzelluläres Kompartiment erreichen.

– Über *proteolytische Schnittstellen* werden zunächst gebildete Vorläufer durch proteolytisches Prozessieren in reife Proteine umgewandelt.

– *Erkennungsdömänen* werden für posttranslationale Modifikationen von Proteinen benötigt, z. B. für das Anhängen von Kohlenhydratketten, Fettsäuren, Lipidankern, Phosphatresten u. a.

– *Allosterische Bindungsstellen* dienen der Anbindung regulatorischer Liganden. Das sind oft niedermolekulare Stoffwechselprodukte, die die Funktionalität eines Proteins reversibel steuern.

– *Aktive Zentren* dienen bei Enzymen der Anbindung und Umsetzung von Substraten, d. h. sie katalysieren chemische Reaktionen; bei Rezeptoren dienen die Bindungszentren dem Andocken von Liganden und damit der Signalübertragung.

Mutationen in all diesen verschiedenen Strukturelementen eines Proteins können seine Funktionen, aber auch seine Stabilität innerhalb der Zelle (z. B. gegenüber Proteasen) in unterschiedlicher und z. Z. kaum voraussagbarer Weise beeinträchtigen. Um die für die Pathobiochemie wichtigen Struktur-Funktions-Beziehungen zu verstehen, wäre u. a. die vollständige Kenntnis der Raumstruktur des Proteins und seiner mutierten Formen notwendig. Darüber hinaus sollte die Stellung des Proteins und seiner Metabolite im Zellstoffwechsel bekannt sein. Von einem vollständigen Verständnis der pathogenetischen Mechanismen sind wir daher auch bei den bis heute am besten untersuchten Erbkrankheiten noch weit entfernt. Ganz im Gegenteil, von den bis heute etwa 3500 beschriebenen Erbleiden liegt ein biochemisches Teilwissen nur bei etwa 230 vor [1, 2]. Die meisten sind also völlig ungeklärt und bilden ein weites unbearbeitetes Feld für zukünftige Forschung. Da die Analyse ungeklärter Erbleiden oft zu neuen biochemischen Erkenntnissen führt, ist sie besonders lohnend. Die Pathobiochemie erweist sich oft als ein Schlüsselloch, durch das wir das normale zelluläre Geschehen beobachten können.

Im folgenden möchte ich die Pathobiochemie von Zellen diskutieren, bei denen erbliche Störungen im Glykolipidstoffwechsel vorliegen. Die Untersuchung ihrer Pathogenese führte zur Aufdeckung neuer biochemischer und zellbiologischer Mechanismen [3–6].

B. Struktur, Funktion und Biosynthese von Glykosphingolipiden

Bei allen Vertebraten treten Glykosphingolipide (GSL) als Bausteine von Zellmembranen auf [7, 8]. Sie sind über einen hydrophoben Molekülteil (Ceramid) so in der äußeren Hälfte von Plasmamembranen verankert, daß ihre Kohlenhydratketten in den extrazellulären Raum hinausragen. An diese können zuckerbindende Proteine, sogenannte Lektine, andocken (Abb. 1). So bilden sie neben anderen Glykokonjugaten, wie z. B. den Glykoproteinen, Bindungsstellen für Toxine [9, 10] (z. B. Choleratoxin bindet an Gangliosid

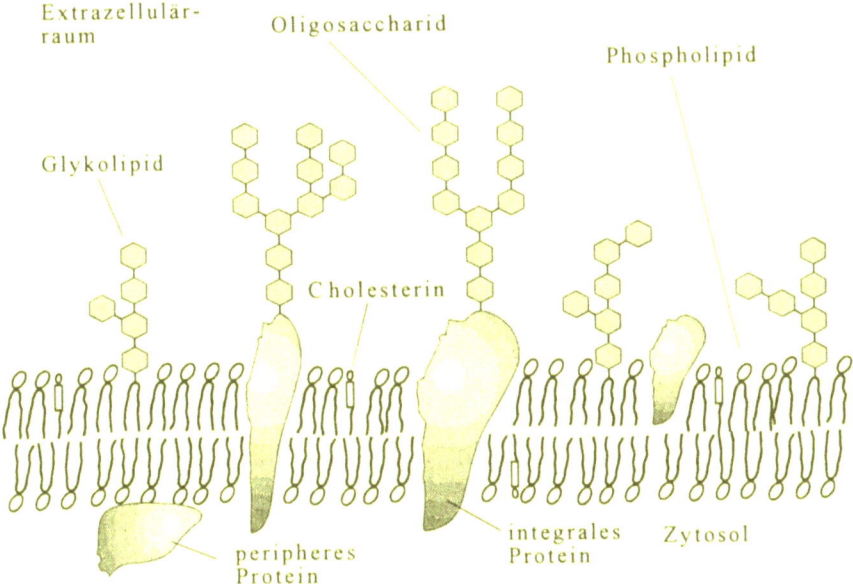

Abb. 1: Schematische Darstellung einer zellulären Plasmamembran
Die Plasmamembran umgrenzt die Zelle. Sie wird von einer asymmetrisch aufgebauten Lipiddoppelschicht und vektoriell eingelagerten integralen Membranproteinen gebildet. Ihr hydrophober Innenraum bildet eine Permeabilitätsbarriere und wird von zwei hydrophilen Schichten gegenüber dem Zellaußen- und dem Zellinnenraum eingegrenzt. Die äußere Membranhälfte wird vor allem von zwitterionischen Phospholipiden (Phosphatidylcholin und Sphingomyelin), von Cholesterin und Glykosphingolipiden gebildet, die innere Membranhälfte vor allem von anionischen Phospholipiden, Phosphatidylethanolamin, Phosphatidylserin und Phosphatidylinositol. Die äußere Membranoberfläche wird von den Oligosaccharidketten der Glykolipide und Glykoproteine sowie von den nicht dargestellten Glykosaminoglykanen abgedeckt. Die integralen Membranproteine sind über Protein-Proteinkontakte nach innen an das Zytoskeleton der Zelle gebunden und nach außen an die extrazelluläre Matrix.

GM1), Viren [11] (z. B. Influenzaviren binden an Sialinsäurereste [12]) und Bakterien [13, 14] (Abb. 2).

Physiologisch besonders wichtig ist die Beteiligung der Glykokonjugate an der Zelladhäsion. So können bei Infektionen bestimmte Lektine (Selektine) auf den Oberflächen von Endothelzellen kleiner Venen induziert werden, die dann Zuckerstrukturen (z. B. Sialyl Lewis[x]) auf vorbeischwimmenden weißen Blutzellen (z. B. Neutrophilen) erkennen und binden [15, 16]. Damit werden diese Abwehrzellen in ihrem Fluß verlangsamt und nachfolgend über eine Kette von Protein-Protein-Wechselwirkungen (u. a. der Integrinfamilie) an die Endothelzellen adsorbiert. So wird ihr Einwandern in das infizierte Gewebe eingeleitet.

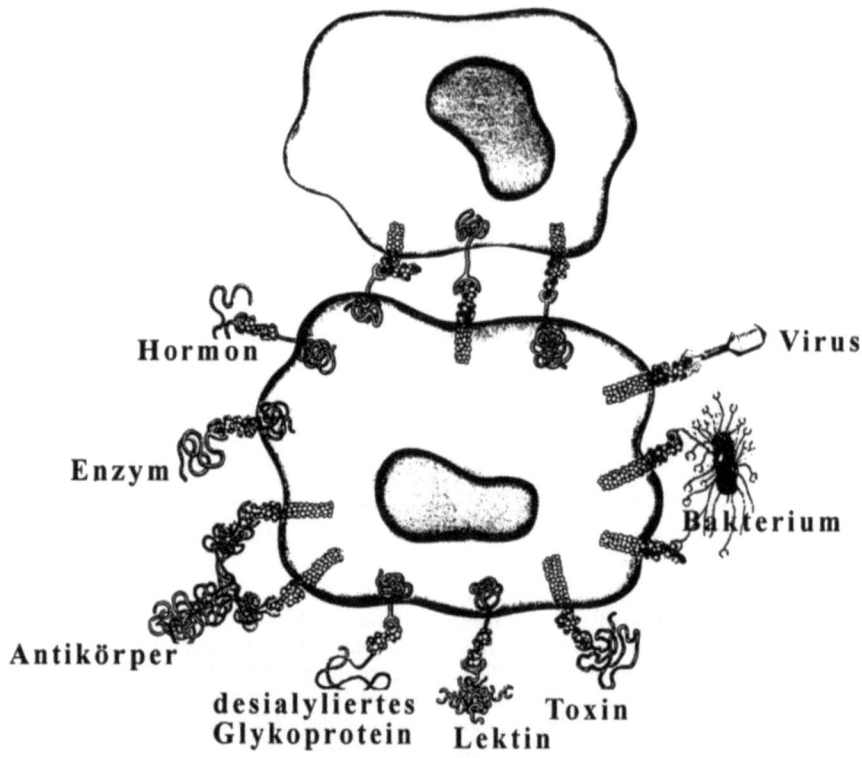

Abb. 2: Wechselwirkungen von Kohlenhydraten an der Zelloberfläche (nach BioCarb)

Dies ist ein Beispiel für die Bedeutung spezifischer Protein-Kohlenhydrat-Wechselwirkungen für die Zelladhäsion. Glykolipide dürften aber eine noch breitere und wichtigere, wenn auch noch ungeklärte Rolle bei der Embryogenese und Morphogenese spielen. Eine Voraussetzung hierfür ist die zelltypspezifische und entwicklungsabhängige Expression einzelner Glykolipide und anderer Glykokonjugate auf den Zelloberflächen.

Die heute über 300 bekannten GSL-Strukturen lassen sich wenigen Grundstrukturen (Abb. 3) zuordnen. Einzelne dieser GSL-Familien bilden auf den Zelloberflächen zelltypspezifische Muster aus (Abb. 4), die sich zudem mit der Differenzierung der Zellen und ihrer viralen Transformation ändern [17, 18]. Wie in Abb. 4 dargestellt, überwiegen in den Neuronen sialinsäurehaltige Glykosphingolipide, die Ganglioside, die mit einigen Ausnahmen zur Ganglioserie gehören [19–21].

Das häufigste Gangliosid im menschlichen Hirn ist das Disialogangliosid GD1a (Abb. 5). Sein Grundkörper und auch der aller anderen Sphingolipide

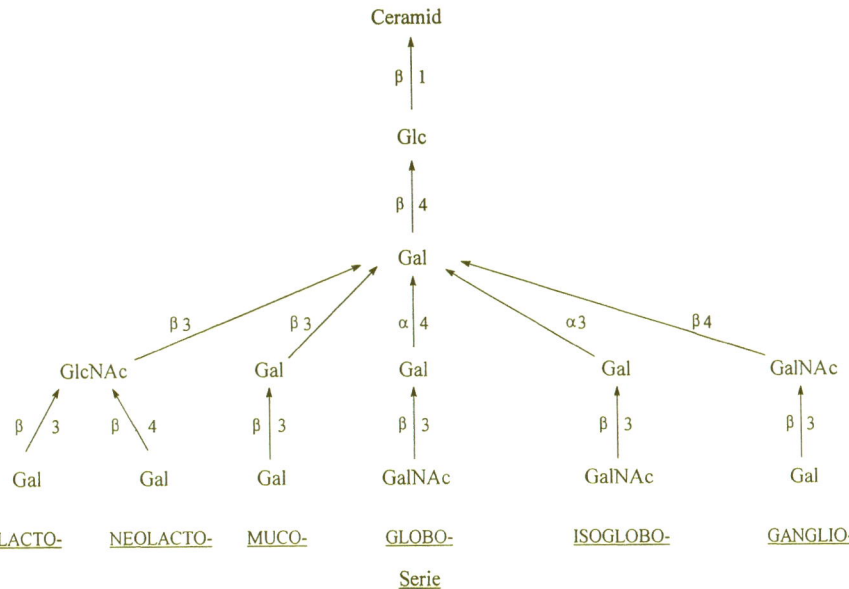

Abb. 3: Strukturen und Trivialnamen der wichtigsten Glykosphingolipidserien (modifiziert nach Svennerholm)
Ceramid, N-Acylsphingosin
Gal, D-Galaktose
GalNAc, N-Acetyl-D-Galaktosamin
Glc, D-Glucose
GlcNAc, N-Acetyl-D-Glucosamin

ist ein hydrophober Ceramidrest, ein N-Acyl-sphingosin, der das Molekül in der äußeren Hälfte zellulärer Plasmamembranen verankert. Er bindet eine Oligosaccharidkette, die in den extrazellulären Raum hinausragt und aus zwei negativ geladenen Sialinsäureresten und einem Tetrasaccarid, der Gangliotetraose, besteht. Der Aufbau dieser komplexen Strukturen beginnt intrazellulär an der zytosolischen Seite des endoplasmatischen Retikulums mit der Bildung von Dihydroceramid (Abb. 6) [22]. Der erste Zucker, Glucose, wird dann an der zytosolischen Oberfläche von Golgimembranen angehängt. Das so gebildete Glucosylceramid tunnelt durch die Golgimembran und dient auf der luminalen Seite als Vorläufer für die Bildung von komplexen Glykolipiden. Dabei folgt ihre Biosynthese einem Fließbandschema (Abb. 7). Akzeptorspezifische, membranverankerte Glykosyltransferasen steuern in frühen Golgikompartimenten die Bildung der Vorläufer von verschiedenen GSL-Familien, dem Laktosylceramid (LacCer), dem Gangliosid GM3, dem Gangliosid GD3 und dem Gangliosid GT3. Diese werden von wenigen Glykosyltransferasen

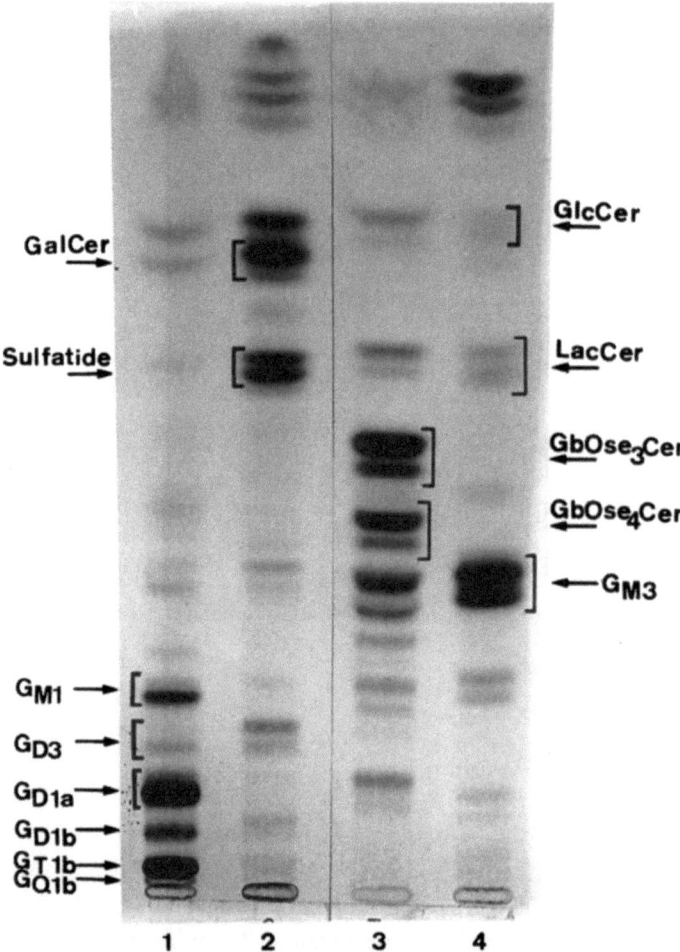

Abb. 4: Biosynthetische Markierung zellulärer Glykolipide mit [14C] Galaktose [21]
Zellen wurden in Kultur mit [14C] Galaktose (2μCi/ml) für 48h markiert, geerntet und extrahiert. Die Glykosphingolipide wurden dünnschichtchromatographisch getrennt und durch Fluorographie sichtbar gemacht.
Bahn 1: Körnerzellen aus dem Kleinhirn der Maus
Bahn 2: Oligodendrozyten
Bahn 3: Fibroblasten
Bahn 4: Neuroblastomazellen (B 104)
Die Mobilität von Standardlipiden ist angegeben.
$GbOse_3Cer$, $Gal\alpha1 \rightarrow 4Gal\beta1 \rightarrow 4Glc\beta1 \rightarrow 1Cer$;
$GbOse_4Cer$, $GalNAc\beta1 \rightarrow 3Gal\alpha1 \rightarrow 4Gal\beta1 \rightarrow 4Glc\beta1 \rightarrow 1Cer$.

Abb. 5: Struktur des Gangliosids GD1a (a), des Gangliosids GP1c und verwandter Glykolipide (b). ▷
Es wird die Gangliosidterminologie von Svennerholm (1963) benutzt.
Abkürzungen siehe Abb. 3. NeuAc = N-Acetylneuraminsäure

a)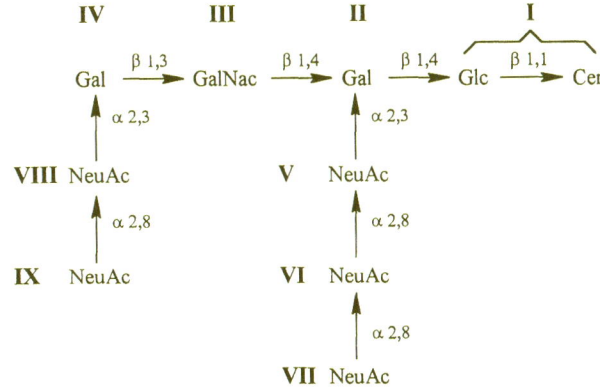

b) Struktur des Gangliosids GP1c:

(NeuAcα2 → 8NeuAcα2 → 3Galβ1 → 3GalNAcβ1 → 4(NeuAcα2 → 8NeuAcα2 → 8NeuAcα2 → 3)Galβ1 → 4Glcβ1 → 1Cer):

```
         IV           III          II                I
                β 1,3        β 1,4       β 1,4    β 1,1
         Gal  ──────→ GalNac ──────→ Gal ──────→ Glc ──────→ Cer
               ↑ α 2,3              ↑ α 2,3
    VIII  NeuAc                V   NeuAc
               ↑ α 2,8              ↑ α 2,8
    IX    NeuAc                VI  NeuAc
                                    ↑ α 2,8
                               VII NeuAc
```

II - innere Galaktose
IV - äußere Galaktose

Die sich von Laktosylceramid (LacCer) ableitenden Strukturen sind Teil der Struktur des GP1c und enthalten folgende Zuckerreste:

GlcCer	- Glucosylceramid, I		GD1b	- I - VI
LacCer	- Laktosylceramid, I, II		GT1c	- I - VII
GM3	- I, II, V		GM1b	- I - IV, VIII
GD3	- I, II, V, VI		GD1a	- I - V, VIII
GT3	- I, II, V - VII		GT1b	- I - VI, VIII
GA2	- I - III		GQ1c	- I - VIII
GM2	- I - III, V		GD1c	- I - IV, VIII, IX
GD2	- I - III, V, VI		GT1a	- I - V, VIII, IX
GT2	- I - III, V - VII		GQ1b	- I - VI, VIII, IX
GA1	- I - IV		GP1c	- I - IX
GM1a	- I - V			

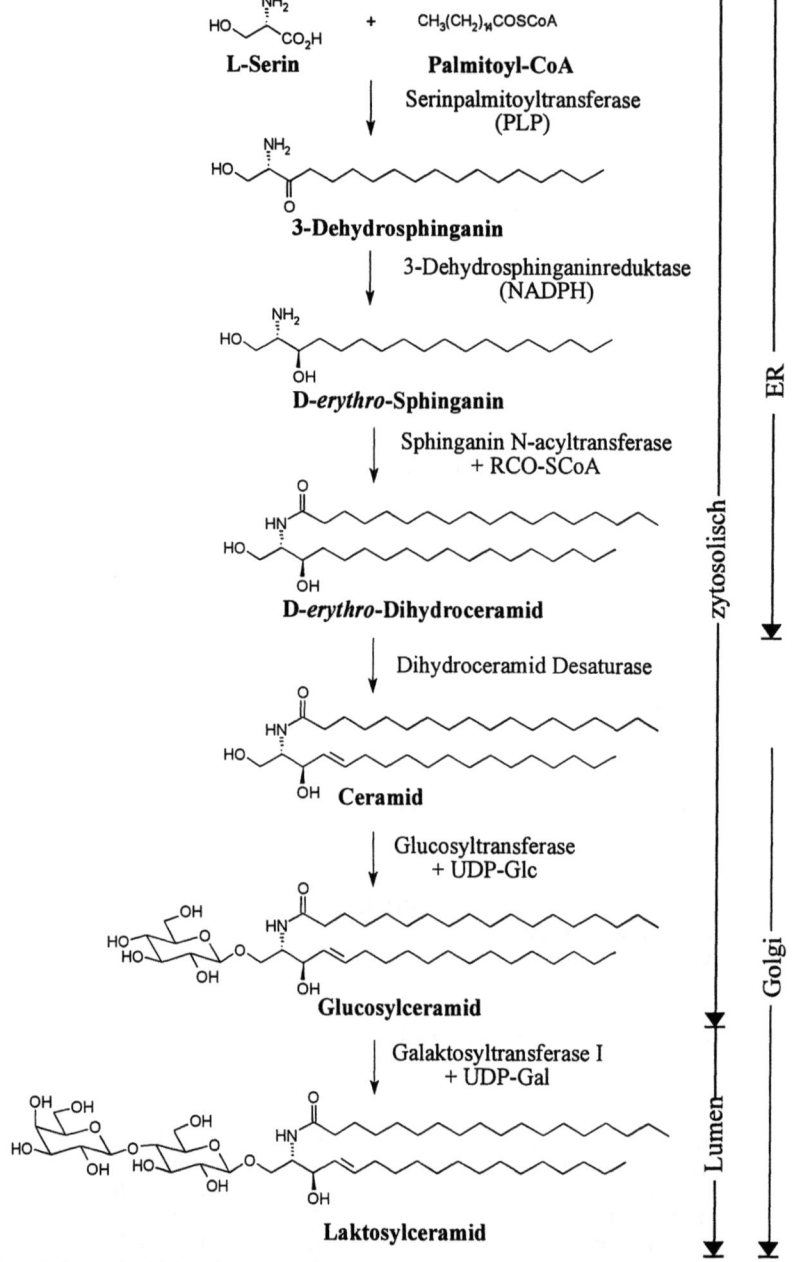

Abb. 6: Schema der Biosynthese von Laktosylceramid
Alle Enzymreaktionen ausgehend vom Serin bis zur Bildung von Glucosylceramid laufen auf zytosolischen Membranflächen des Endoplasmatischen Retikulums (ER) bzw. des Golgi ab. Glucosylceramid muß zur luminalen Seite der Golgimembranen tunneln, so daß die Bildung des Laktosylceramids und aller weiteren Glykolipide luminal ablaufen kann [22].

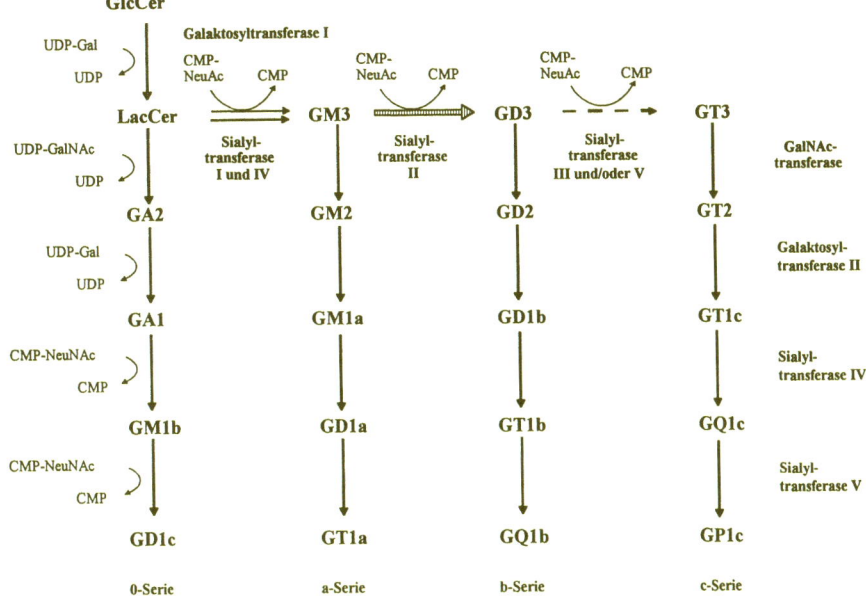

Abb. 7: Schema zur Biosynthese komplexer Ganglioside [22]
Alle Reaktionsschritte werden von membranständigen Glykosyltransferasen im Lumen der Golgizisternen katalysiert. Es wird die Gangliosidnomenklatur von Svennerholm (1963) benutzt.

mit breiter Akzeptorspezifität in die jeweiligen Folgeprodukte umgewandelt [22]. So können die Zellen mit wenigen Enzymen die Bildung einer Vielzahl komplexer GSL steuern. Die Produkte dieser Reaktionen werden durch exozytotische Vesikel auf die Oberfläche der Plasmamembran transportiert.

Die Untersuchung der biochemischen Mechanismen der Biosynthese, ihrer Topologie und Regulation [22] hat bisher aber nicht zur Aufklärung von Erbkrankheiten beigetragen; Erbkrankheiten des GSL-Stoffwechsels wurden bis heute nur beim GSL-Abbau gefunden.

Trotzdem muß man annehmen, daß es auch Mutationen in den Strukturgenen der anabolen Enzyme gibt, die deren Funktionen nachhaltig stören. Daß wir sie bis heute nicht beobachtet haben, mag u. a. daran liegen, daß die Bildung korrekter GSL-Muster auf den einzelnen Zelloberflächen während ihrer Differenzierung für die Embryogenese und Morphogenese notwendig ist. Eine gravierende Störung dieser Muster, z. B. durch Ausfall einzelner GSL-Strukturen, könnte zu Entgleisungen bei der Embryogenese und damit zum Abort führen.

C. Topologie der Endozytose und der lysosomalen Verdauung

Der Katabolismus komplexer GSL der Zelloberfläche erfolgt nach Internalisierung durch Endozytose in den Lysosomen. Am Abbau sind verschiedene Exohydrolasen nacheinander beteiligt. Damit führt der vererbte Defekt eines Abbauschritts zur intralysosomalen Speicherung seiner nicht mehr abbaubaren und meist auch nicht mehr ausschleusbaren hydrophoben Lipidsubstrate. Obwohl die rezessiv vererbten katabolen Defekte mit Ausnahme der roten Blutkörperchen in allen Zellen und Organen der Patienten beobachtet werden, tritt die Lipid-Speicherung organspezifisch auf. Sphingolipide werden vor allem in den Zelltypen gespeichert, in denen sie am stärksten gebildet werden. So akkumulieren die oben erwähnten Ganglioside bei entsprechenden Abbaudefekten vor allem in Neuronen, da dort ihre Biosynthese besonders kräftig ausgeprägt ist. Prototyp dieser Erbdefekte ist die Tay-Sachs'sche Erkrankung, die gehäuft (Heterozygotenfrequenz 1 in 27) bei den Aschkenazim auftritt [3].

Warren Tay [23] beobachtete bereits 1881 bei einem einjährigen, geistig und körperlich zurückgebliebenen und erblindeten Kind am Augenhintergrund in der Gegend des gelben Flecks einen weißen Bezirk, in dessen Mitte ein braunroter, runder Fleck (kirschroter Fleck) erkennbar war (Abb. 8). Hier im Bereich des schärfsten Sehens sind die Neurone der Retina untergegangen und die Chorioidea (Aderhaut) scheint rot durch. Den Namen „familiäre amaurotische Idiotie" prägte Bernhard Sachs, der die Krankheit klinisch und pathologisch-anatomisch ausführlich beschrieb [24, 25].

Robert Terry [26] beobachtete unter dem Elektronenmikroskop in den erkrankten Nervenzellen runde oder ovale Speichergranula mit einem Durchmesser von 0,5 bis 2 µm. Diese multilamellierten zytoplasmatischen Körperchen (Abb. 9) sind pathologisch veränderte Lysosomen, die ihren Inhalt nicht mehr abdauen können. Sie enthalten neben vielen kopräzipitierenden Lipiden und Proteinen die primäre Speichersubstanz, das Gangliosid GM2 (Abb. 10). Ganglioside wurden von E. Klenk [27] in Köln bereits Ende der dreißiger Jahre als Speichersubstanzen dieser Krankheit entdeckt. Nach Aufklärung der GM1-Struktur durch Kuhn und Wiegandt 1963 [28] wurde auch die Struktur seines Abbauprodukts, des Gangliosids GM2, identifiziert [29, 30].

Die biochemische Analyse der zugrundeliegenden Defekte hat zur Entdeckung überraschender Mechanismen bei der zellulären Endozytose von Glykolipiden und ihrer Hydrolyse in den Lysosomen geführt [31, 32]. Danach wird der Abbau membranständiger GSL mit kurzen Oligosaccharidketten jeweils durch ein 2-Komponentensystem ermöglicht, nämlich durch das Zusammenwirken von GSL-Bindungsproteinen und Exohydrolasen. Dieser Mechanismus könnte zum Schutz der Plasmamembran beitragen: Lysosomale

Glykolipide der Zelloberfläche 17

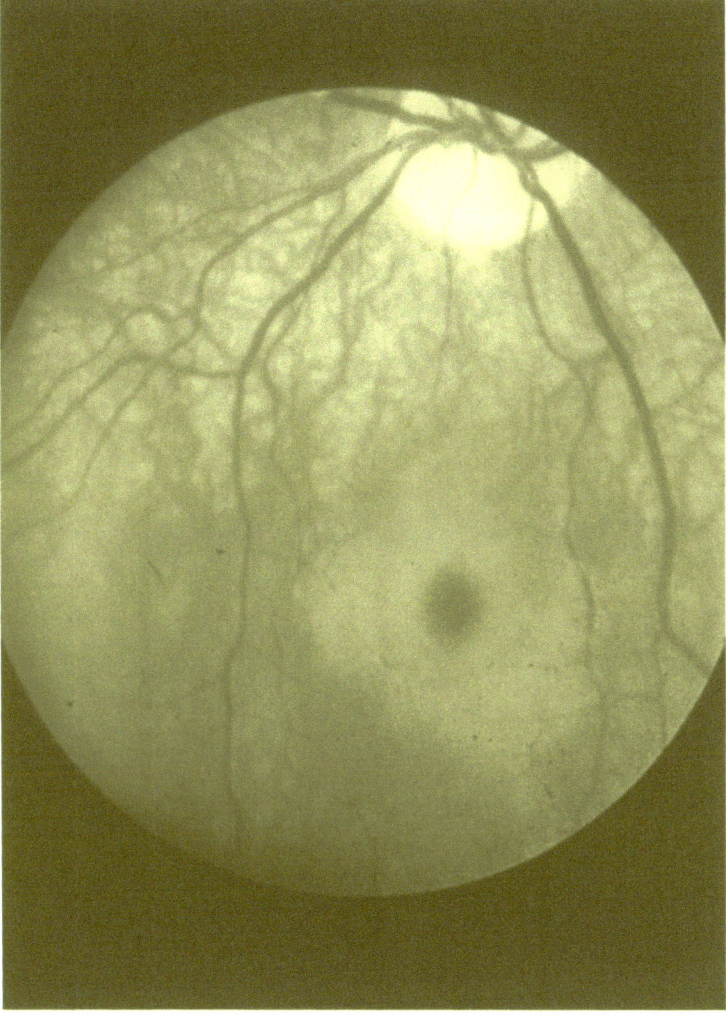

Abb. 8: Kirschroter Fleck im Fundus eines infantilen Tay-Sachs Patienten

Proteine treten aufgrund unvollständiger Sortiermechanismen – wenn auch verdünnt – im Extrazellulärraum auf. Lysosomale Hydrolasen, die keinen Aktivator benötigen, könnten dort GSL auf der Zelloberfläche langsam abdauen. Diese Gefahr wird normalerweise durch zwei Faktoren reduziert: durch einen neutralen pH-Wert auf der Zelloberfläche, bei dem die lysosomalen Hydrolasen nur eine geringe Aktivität aufweisen, und durch die notwendige Stimulierung mittels lysosomaler Aktivatorproteine, die im Extrazellulärraum nur in geringen Konzentrationen auftreten.

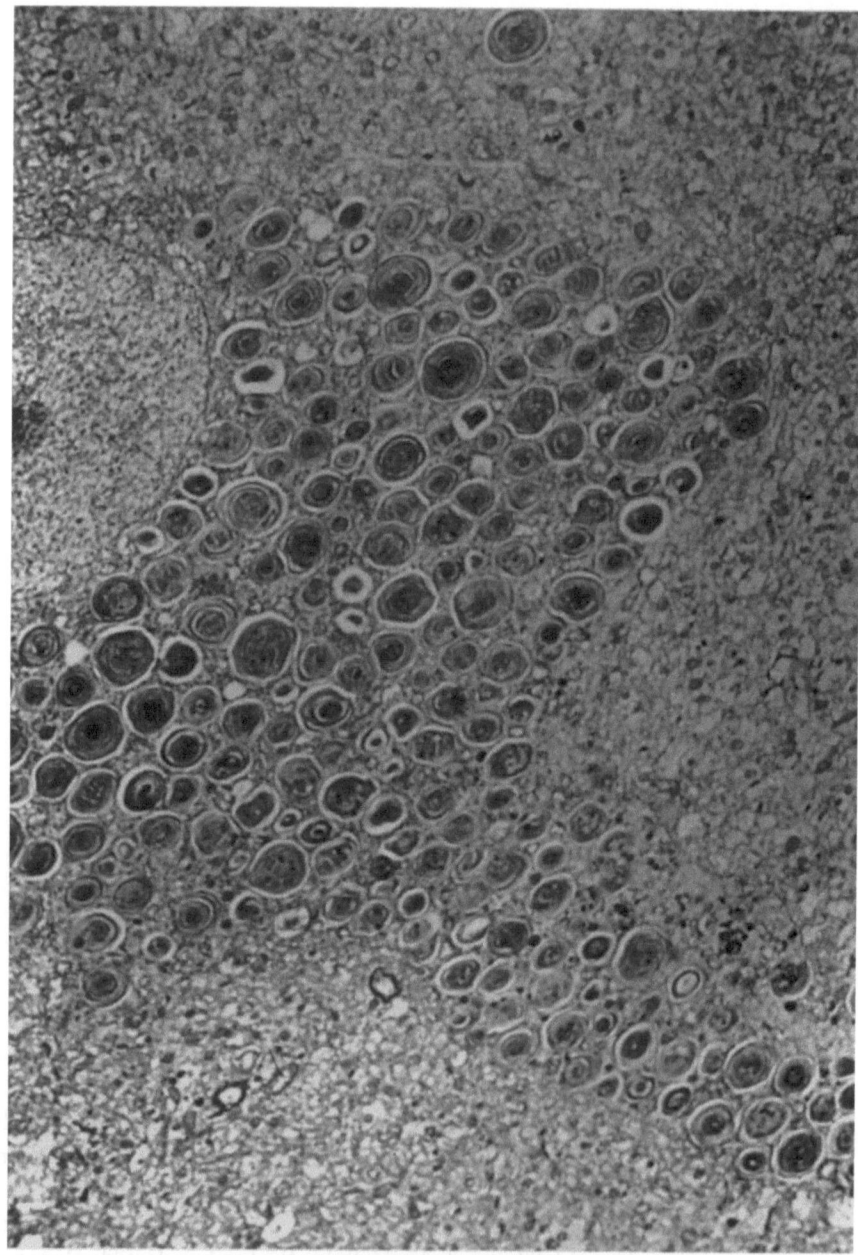

Abb. 9: Multilamellierte zytoplasmatische Körperchen besetzen neuronale Perikarya bei Patienten der infantilen GM2-Gangliosidose (Aufnahme K. Suzuki, Chapel Hill, N. C., USA)

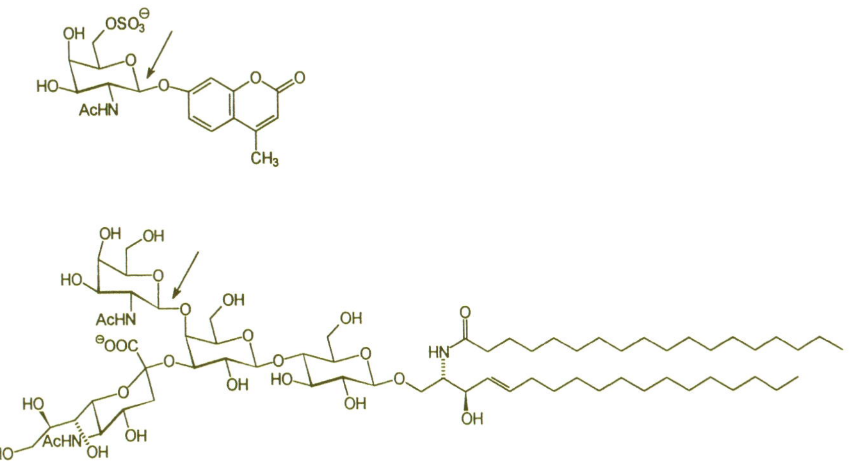

Abb. 10: Struktur des Gangliosids GM2
Der Pfeil gibt die Bindung an, die von der Hexosaminidase A in Gegenwart des GM2-Aktivators gespalten wird. Als wasserlösliches Substrat kann 4-Methyl-umbelliferyl-β-D-N-acetylgalaktosamin-6-sulfat genutzt werden.

Nach heutigen Vorstellungen über den intrazellulären Membranfluß erreichen Bausteine und Fragmente der zellulären Plasmamembran das lysosomale Kompartiment über endozytotische Vesikel [33] (Abb. 11). Bereiche der Plasmamembran werden als Stachelsaumgrübchen (coated pits), möglicherweise auch als Caveoli zu intrazellulären Vesikeln abgeschnürt. Diese Vesikel können über die bekannten Wege der Membranfusion mit frühen Endosomen verschmelzen, so daß ihre Membranen Bestandteile der endosomalen Membranen werden. Die Fortführung eines solchen endozytotischen Vesikelflusses (Abknospen von Vesikeln von den späten Endosomen und deren Fusion mit Lysosomen) müßte dazu führen, daß Bausteine der Plasmamembran letzten Endes das lysosomale Kompartiment als Bausteine der lysosomalen Membran erreichen.

Anschließend müßte der lysosomale Abbau der ursprünglichen Bausteine der Plasmamembran selektiv innerhalb der lysosomalen Membran erfolgen, so daß diese selbst intakt bleibt und das Lysosom den Abbauprozeß überlebt. Dies ist eine wenig attraktive Vorstellung, zumal die lysosomale Membran auf ihrer Innenseite von einer dicken, im Elektronenmikroskop darstellbaren Schicht von Kohlenhydraten, einer Glykokalix, abgedeckt wird. Diese Schicht wird von Glykoproteinen gebildet, den sogenannten limps (lysosomal integral membrane proteins) und lamps (lysosomal associated membrane proteins), die die lysosomale Membran mitaufbauen [34].

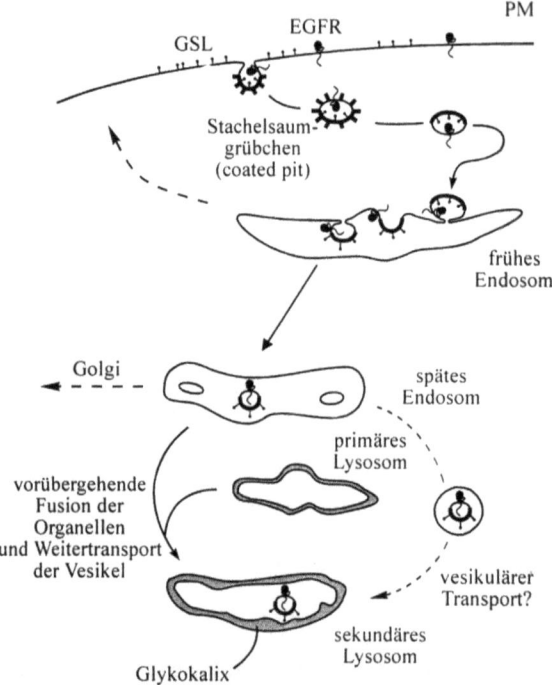

Abb. 11: Ein neues Modell für die Topologie der Endozytose und der lysosomalen Verdauung von Glykolipiden der Plasmamembran [31]
Im Laufe der Endozytose erreichen die Glykolipide (GSL, ♥) der Plasmamembran (PM) intraendosomale Vesikel, von wo sie in die Lysosomen geschleust werden.
→ Vorgeschlagener Weg für die Endozytose von GSL der Plasmamembran hinein in das lysosomale Kampartiment der Zelle
--→ Andere intrazelluläre Routen für GSL der Plasmamembran

Ein alternatives Modell haben wir 1992 vorgeschlagen (Abb. 11) [31]. Danach erreichen Bausteine der Plasmamembran den intrazellulären Verdauungsapparat als intraendosomale bzw. intralysosomale Vesikel. Diese könnten z. B. durch ein Einstülpen (budding in) und Abschnüren bestimmter Bereiche der endosomalen Membranen gebildet werden, die z. B. besonders reich an ehemaligen Bausteinen der Plasmamembran sind. Über bekannte Fusionsprozesse zwischen den Organellen, nämlich zwischen den späten Endosomen und den frühen Lysosomen, könnten die so gebildeten intraendosomalen Vesikel das Lumen, also den Innenraum der Lysosomen, erreichen und so den Verdauungsproteinen ausgesetzt werden. Wenn diese Vorstellungen in einigen Bereichen auch noch hypothetisch bleiben, so gibt es doch eine Reihe von Beobachtungen, die unser Modell stützen:

Glykolipide der Zelloberfläche 21

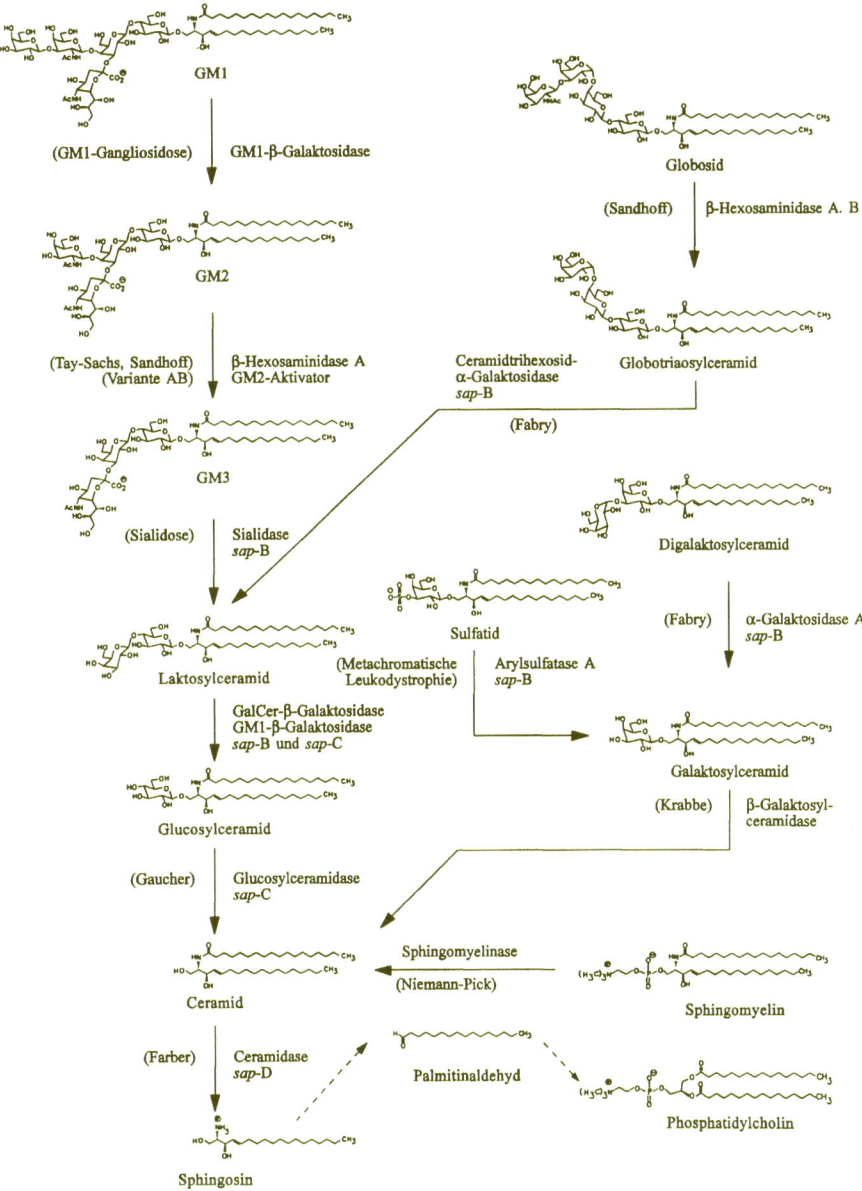

Abb. 12: Lysosomaler Sphingolipidabbau
Benötigte Exohydrolasen, Sphingolipid-Aktivatorproteine und in Klammern die Eponyme bekannter Stoffwechseldefekte sind angegeben.
Variante AB, Variante AB der GM2-Gangliosidose *sap*, Sphingolipidaktivator-Protein

a) Verschiedene Defekte im lysosomalen Abbau führen zu einer Anhäufung von intraendosomalen bzw. intralysosomalen Vesikeln (vgl. unten).

b) Der Rezeptor des epidermalen Wachstumsfaktors (EGF-Rezeptor) von Plasmamembranen läßt sich nach Internalisierung zwar in den Membranen und dem Innern von Endosomen (und seine Abbauprodukte in den Lysosomen) nachweisen, aber nicht als Bestandteil der lysosomalen Membranen [35, 36].

c) Obwohl Ganglioside nach Endozytose in den Lysosomen von kultivierten Zellen zügig abgebaut werden, ist der Gehalt isolierter lysosomaler Membranen aus Leberzellen an Gangliosid GM3 höher als der von Plasmamembranen [37]. Es sollte daher in der lysosomalen Membran einen abbauresistenten Pool an Gangliosid GM3 geben, der wahrscheinlich unter der Glykokalix der lysosomalen Membran vor dem Angriff der lysosomalen Neuraminidase weitgehend geschützt ist.

Im vorgestellten Modell (Abb. 11) erreichen Bausteine der Plasmamembran intraendosomale bzw. intralysosomale Vesikel und werden mit diesen zusammen von den umgebenden Verdauungsproteinen zerlegt. Dabei vollzieht sich der Abbau der einzelnen GSL schrittweise durch Exohydrolasen (Abb. 12). Der vererbte Defekt einer Exohydrolase verursacht somit einen Abbaublock und die intralysosomale Speicherung seiner nicht mehr abdaubaren Lipidsubstrate. Die biochemische Analyse des Glykolipidabbaus und seiner Erbkrankheiten hat zur Identifizierung und Charakterisierung von notwendigen Cofaktoren des Abbaus, den Sphingolipidaktivatorproteinen, geführt.

D. Der GM2-Aktivator und seine Rolle bei der lysosomalen Verdauung

Während sich die Lipidspeicherung bei den meisten Patienten auf ein defektes abbauendes Enzym zurückführen ließ, untersuchte ich 1969 einen infantilen Patienten der amaurotischen Idiotie, dessen postmortales Hirngewebe trotz einer massiven GM2-Speicherung überraschenderweise keinen Defekt der abbauenden Hexosaminidase A erkennen ließ [38]. Im Gegenteil, das aus den Hirngeweben isolierte Enzym konnte die aus dem Hirngewebe isolierte Speichersubstanz *in vitro* normal abbauen. Die Beobachtung, daß dieser *in vitro* Abbau der GSL stets nur in Gegenwart geeigneter Detergentien beobachtet werden konnte, führte zur Suche nach einem möglichen „*in vivo* Detergenz*", das beim Patienten defekt sein könnte. Nach Aufbau eines geeigneten detergenzfreien Testsystems konnten wir ein solches „*in vivo* Detergenz*", den GM2-Aktivator (GM2 A), in postmortalen Kontrollgeweben von Normalen und Enzymmangelpatienten nachweisen, nicht aber in denen des

Glykolipide der Zelloberfläche

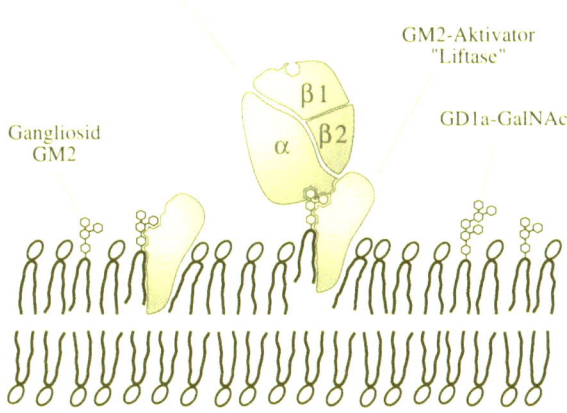

Abb. 13: Modell für die GM2-Aktivator-stimulierte Hydrolyse des Gangliosids GM2 durch die menschliche Hexosaminidase A [31]
In Abwesenheit des GM2-Aktivators oder geeigneter Detergentien greift die wasserlösliche Hexosaminidase A membrangebundenes Ganglioisd GM2 nicht an, aber sie spaltet Ganglioisd GM2-Analoga, die einen kurzkettigen oder keinen Fettsäurerest (Lysoganglioisd GM2) enthalten. Diese sind weniger fest an die Lipiddoppelschicht gebunden und wasserlöslicher als das Ganglioisd GM2. Membrangebundenes Ganglioisd GM2, z. B. das von intralysosomalen Vesikeln (vgl. Abb. 11), wird aber in Gegenwart des GM2-Aktivators hydrolysiert. Der GM2-Aktivator bindet ein Molekül des Gangliosids GM2 und hebt es aus der Membran heraus. Der Aktivator-Ganglioisd-Komplex kann dann von der wasserlöslichen Hexosaminidase A erkannt und das Lipidsubstrat gespalten werden. Andererseits werden die terminalen β-N-Acetylgalaktosaminreste (GalNAc) des membranständigen Gangliosids GD1a-GalNAc direkt – also ohne Hilfe des Aktivators – von der Hexosaminidase A hydrolysiert, da sie von der Membranoberfläche weit genug in die wäßrige Phase hineinragen.

oben erwähnten Patienten mit infantiler amaurotischer Idiotie [39]. Den stimulierenden und beim Patienten fehlenden GM2-Aktivator haben wir gereinigt, strukturell und funktionell weitgehend charakterisiert sowie seine cDNA und seine genomische Struktur analysiert [vgl. 4, 31]. Es ist ein lysosomales Glykoprotein, das aus einem Peptidfaden mit 162 Aminosäuren, vier Disulfidbrücken und einem N-glykosidisch gebundenen Zuckerbaum besteht. Es kann das Ganglioisd GM2 und artverwandte Ganglioside in wasserlöslichen Komplexen (1:1, Mol/Mol) binden und *in vitro* als Gangliosidtransferprotein wirken, d. h. Ganglioside von einer Donor- zu einer Akzeptormembran transferieren. Auf Membran- bzw. Vesikeloberflächen wirkt es offensichtlich als Liftase, die membranständige Ganglioside erkennt, bindet und aus der Membranebene heraushebt, so daß diese wasserlöslichen, ab-

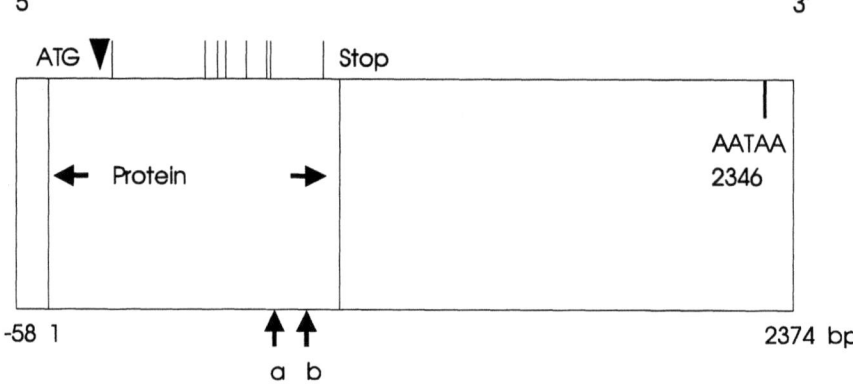

a.) $T^{412} \to C$ (Cys$^{138} \to$ Arg)
b.) $G^{506} \to C$ (Arg$^{169} \to$ Pro), homoallelisch

▼ Glykosylierungsstelle | Cystein Reste

Abb. 14: Mutationen im GM2-Aktivator bei Patienten der AB-Variante der GM2-Gangliosidose [43, 44]
Vom menschlichen Gen des GM2-Aktivators wird ein Vorläuferprotein mit einer Länge von 193 Aminosäuren gebildet, aus dem das reife Glykoprotein mit einer Länge von 162 Aminosäuren entsteht.
Die Punktmutationen an den Positionen a) und b) führen zur Bildung labiler Proteine, die zügig verdaut werden, und damit zum Verlust des GM2-Aktivators bei den betroffenen Patienten.

bauenden Enzymen, z. B. der Hexosaminidase A, als Substrate zugeführt werden können (Abb. 13). Dieser Schritt ist eine unabdingbare Voraussetzung für den Abbau des GM2-Gangliosids durch die lysosomale Hexosaminidase A.

Dieses Enzym ist ein Heterodimer (α, β) mit zwei verschiedenen, wenn auch zueinander artverwandten aktiven Zentren [40]. Während das β-Zentrum nur neutrale β-D-Glucosaminide und β-D-Galaktosaminide spaltet, kann das weniger aktive α-Zentrum diese Aminozuckerreste auch von negativ geladenen Substraten, wie z. B. Gangliosiden, abspalten. Als wasserlösliches Enzym erkennt die Hexosaminidase A aber nur wasserlösliche Substrate oder jene membrangebundenen Ganglioside, deren Zuckerketten weit genug in den wäßrigen Raum hinausragen, so daß sie von dem Enzym erreicht werden können, ohne daß eine sterische Hinderung durch die benachbarten Phospholipide auftritt [41]. Das Enzym arbeitet an der Membranoberfläche gleichsam als Rasenmäher, der nur solche Zuckerketten abschneidet, die, wie z. B. beim GD1a-GalNAc (Abb. 13), aus der Lipiddoppelschicht weit genug in den wäßrigen Raum hinausragen, um vom Enzym direkt erfaßt zu werden.[1]

GSL mit kürzeren Oligosaccharidketten können vom Enzym nur dann erfaßt werden, wenn man zuvor ihre hydrophobe Verankerung in der Membran lockert, so daß sie wasserlöslicher werden und gleichsam weiter in den wäßrigen Raum hinausschwingen können. Dies kann man z. B. durch Verkürzen der Fettsäurereste erreichen [41, 42].

Inzwischen haben wir die Mutationen im Strukturgen des GM2-Aktivators identifiziert, die bei zwei Patienten der AB-Variante der GM2-Gangliosidose zum Ausfall des GM2-Aktivators führen (Abb. 14) [43, 44]. Es handelt sich um Punktmutationen, die jeweils den Austausch einer Aminosäure bedingen. Dadurch werden die mutierten Proteine labil, so daß sie in den Verdauungssäften der Lysosomen nicht mehr überleben können und proteolytisch rasch abgebaut werden [4, 31]. Der eintretende Verlust des GM2-Aktivators bewirkt eine Blockade des GM2-Gangliosid-Abbaus in den Lysosomen. Man kann diesen Block durch Stoffwechselstudien in kultivierten Hautzellen der Patienten nachweisen (Abb. 15) und durch Zufüttern von normalem GM2-Aktivator zum Kulturmedium der mutanten Fibroblasten wieder aufheben [45]. Dabei wird der exogen zugefütterte GM2-Aktivator von den Zellen gebunden, endozytiert und gelangt so in das lysosomale Kompartiment, wo er den Abbau des GM2-Gangliosids wieder ermöglicht. Interessanterweise ist hierbei der rekombinante in E. coli exprimierte und kohlenhydratfreie GM2-Aktivator wirksamer als das aus menschlichem Gewebe isolierte Glykoprotein.

---

[1] Interessanterweise kann das Enzym aber reine GD1a-GalNAc-Mizellen nicht angreifen: hier sind alle Zuckerketten gleich lang und dicht gepackt, so daß das Enzym von der wäßrigen Phase aus kein herausragendes Substrat erkennen kann [41].

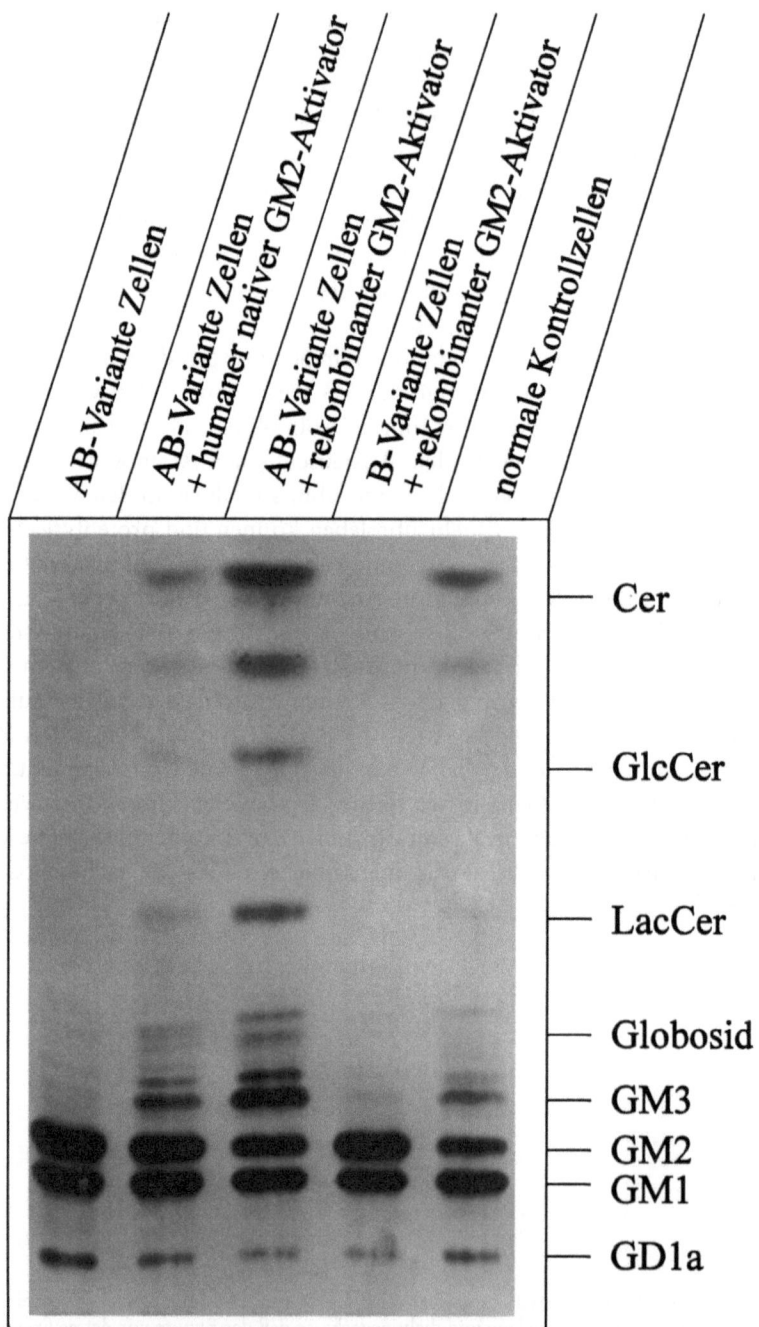

Abb. 15: Exogen zugegebener GM2-Aktivator hebt den Block im Gangliosidabbau kultivierter Zellen von Patienten mit GM2-Aktivatordefekten wieder auf [45].
Kultivierte Fibroblasten wurden mit Gangliosid GM1 gefüttert, das eine Tritiummarkierung im Sphingosinanteil trug. Daher entstehen aus dem Gangliosid radioaktiv markierte hydrolytische Abbauprodukte. Die Zellen wurden für 48h in Gegenwart der angegebenen Zusätze kultiviert, ihre Glykolipidfraktion isoliert, dünnschichtchromatographisch aufgetrennt und autoradiographisch sichtbar gemacht.
Das eingesetzte [^{3}H] Gangliosid GM1 wird von den GM2-Aktivator-defizienten Zellen der AB-Variante biosynthetisch in Gangliosid GD1a und katabolisch nur noch in Gangliosid GM2 umgewandelt. Weitere Abbauprodukte fehlen wie bei den Hexosaminidase A defizienten Zellen (Variante B, Tay Sachs). Zugabe von GM2-Aktivatorprotein zum Medium der GM2-Aktivator-defizienten Zellen führt zur Aufhebung des Stoffwechselblocks.

E. Der SAP-Vorläufer wird zu vier Aktivatoren prozessiert

Bereits 1964 haben Mehl und Jatzkewitz [46] ein Protein identifiziert, das für die hydrolytische Spaltung von Sulfatiden durch die lysosomale Arylsulfatase A benötigt wird. Bei diesem Sulfatidaktivator oder *sap*-B handelt es sich um ein kleines lysosomales Glykoprotein, das aus 80 Aminosäuren mit einem N-glykosidisch gebundenen Zuckerbaum besteht und durch vier Disulfidbrücken stabilisiert wird [47]. Ähnlich dem GM2-Aktivator bindet es GSL, wenn auch mit breiter Spezifität, und wirkt im *in vitro* Test als GSL-Transferprotein (Tab. 1). D. h., es kann Sulfatide und ähnliche GSL auf der

Tab. 1: Der GM2-Aktivator und *sap*-B wirken in vitro als Glykolipid-Transferproteine [31]
Es wurde der durch den GM2-Aktivator bzw. der durch den Sulfatidaktivator (*sap*-B) katalysierte Transfer von tritiummarkierten Glykolipiden von Donor- zu Akzeptorliposomen bestimmt; n. b. nicht bestimmt.

Lipid transferiert	Transfer Rate (nmol h^{-1}/nmol Aktivator Protein)	
	GM2-Aktivator	*sap*-B
GD1a-GalNAc	350	n. b.
GM2	1040	n. b.
GD1a	220	9,6
GM1	660	4,5
GM2	470	3,0
GM3	80	0,4
GA2	65	
Sulfatid	n. b.	1,0
Galaktosylceramid	n. b.	0,5
Glucosylceramid	n. b.	<0,1

Lipide	Abbaurate (nmol h^{-1}/mU Enzym)	
	ohne *sap*-B	mit 0,1 nmol *sap*-B
C_{18}-Sulfatid	0,03±0,01	0,38±0,07
C_6-Sulfatid	0,05±0,01	0,18±0,02
C_2-Sulfatid	0,13±0,01	0,14±0,00
Lyso-sulfatid	0,58±0,03	0,57±0,05
C_{18}-GM1	0,02±0,01	0,18±0,01
C_8-GM1	0,40±0,02	0,52±0,02
C_2-GM1	0,85±0,02	0,90±0,04
Lyso-GM1	1,29±0,01	1,28±0,05
Rinderhirn GM1	0,02±0,01	0,18±0,01
GM1-Alkohol	0,02±0,01	0,18±0,01
GA1	0,03±0,01	0,06±0,00
LacCer	0,02±0,01	0,02±0,00

Tab. 2: Einfluß von *sap*-B auf die enzymatische Hydrolyse von Sulfatid- und Gangliosid-GM1-Derivaten [42]
Sulfatid- bzw. Gangliosid GM1-Analoga wurden durch menschliche Arylsulfatase A bzw. β-Galaktosidase in Abwesenheit oder in Gegenwart des Sulfatidaktivators (*sap*-B) hydrolisiert.
Abkürzungen:
GM1-alkohol: Die Carboxylgruppe der Sialinsäure wurde zum Alkohol reduziert.
Die Glykolipide enthalten verschiedene Acylreste in ihrem Ceramidanteil: C_{18}: Stearoyl-, C_8: Octanoyl-, C_6: Hexanoyl, C_2: Acetylrest.
GA1: Gangliotetraosylceramid

Oberfläche von Donorliposomen erkennen, in stöchiometrischen Komplexen (1:1 Mol/Mol) binden, aus der Membran extrahieren und in die Membranen von Akzeptorliposomen übertragen [vgl. 4,31]. In den Lysosomen wirkt es offensichtlich wie der GM2-Aktivator als Liftase; der Sulfatidaktivator kann ganz unterschiedliche GSL vesikulärer Membranen binden, aus der Membranebene „liften" und wasserlöslichen Enzymen als Substrate anbieten (Tab. 2). Entsprechend führt der erbliche Defekt des Sulfatidaktivators zu einer Speicherkrankheit ähnlich der metachromatischen Leukodystrophie, bei der neben Sulfatiden aber auch andere GSL, z. B. Globotriaosylceramid, auflaufen [vgl. 4].

Der Sulfatidaktivator (*sap*-B) stimuliert *in vitro* auch die Hydrolyse des Laktosylceramids durch die lysosomale β-Galaktosidase (Abb. 16) [48]. Trotzdem kommt es weder bei einem erblichen Defekt der β-Galaktosidase noch bei dem isolierten Defekt des Sulfatidaktivators zur Anhäufung von Laktosylceramid. Die biochemische Analyse hat ergeben, daß noch ein weiteres Paar

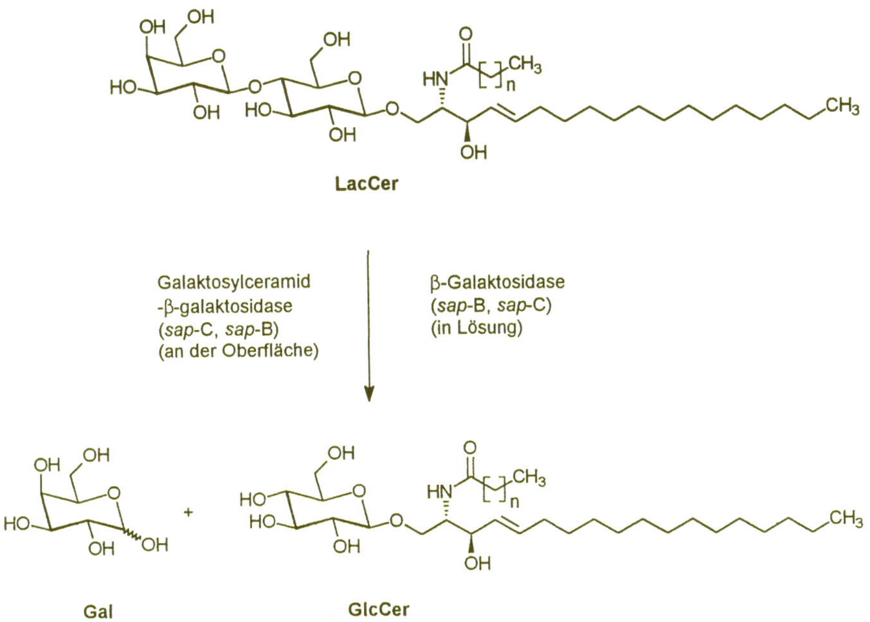

Abb. 16: Hydrolyse von membranständigen Laktosylceramid-Analoga (n = 0,2,4,6,8,16) durch die menschliche β-Galaktosidase oder Galaktosylceramid-β-Galaktosidase [48]

lysosomaler Proteine, die Galaktosylceramid-β-Galaktosidase und der Gaucher-Aktivator (sap-C), membranständiges Laktosylceramid hydrolysieren kann (Abb. 16) [48]. Interessanterweise läuft diese Enzymreaktion ausschließlich an der Membranoberfläche ab, eine Verdünnung des Inkubationsansatzes mit Pufferlösung bewirkt keinen Abfall der Reaktionsgeschwindigkeit, die Reaktion folgt einer zweidimensionalen Michaelis-Menten-Kinetik.

Die proteinchemische und molekularbiologische Analyse des Sulfatidaktivators (sap-B) und des Gaucher Faktors (sap-C) brachte eine große Überraschung. Beide Proteine entstehen zusammen mit zwei weiteren, sap-A und sap-D, durch proteolytisches Prozessieren aus einem gemeinsamen Vorläuferprotein, dem SAP-Vorläufer (Abb. 17) [49–51]. Alle vier Aktivatorproteine, sap-A, B, C und D sind zueinander homolog, haben ähnliche Eigenschaften, aber unterschiedliche, z. T. noch nicht abgeklärte Funktionen [4, 31]. So führt der isolierte Defekt von sap-B zu einer atypischen Form der metachromatischen Leukodystrophie mit Speicherungen von Sulfatiden und Globotriaosylceramid, während der isolierte Defekt der Domäne sap-C eine atypische Form der Gaucher'schen Erkrankung mit einer Speicherung von Glucosylceramid verursacht [vgl. 4, 31].

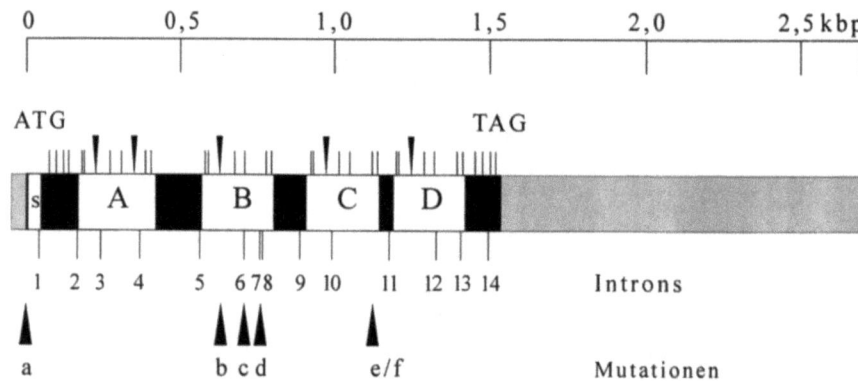

Abb. 17: Struktur der *sap*-Vorläufer cDNA [31]

Die cDNA des *sap*-Vorläufers kodiert für einen Peptidfaden von 524 Aminosäuren (bzw. v. 527 Aminosäuren, Exon 8 besteht aus 9 Basenpaaren und kann durch alternatives Splicen übergangen, eingelesen, oder auch nur mit 6 Basenpaaren eingelesen werden, da es eine interne Splicestelle besitzt) [64], inklusive einer Signalsequenz von 16 Aminosäuren (s genannt, für den Eintritt in das Endoplasmatische Retikulum) [51, 65]. Die vier zueinander homologen Domänen auf dem Vorläufer werden *sap* A–D [31] bzw. Saposine A–D [50] genannt und entsprechen den reifen Proteinen der menschlichen Gewebe.

A *sap*-A oder Saposin A; B *sap*-B oder Saposin B oder SAP-1 oder Sulfatidaktivator; C *sap*-C oder Saposin C oder SAP-2 oder Glucosylceramidase Aktivatorprotein oder Gaucher Faktor; D *sap*-D oder Saposin D oder Komponente C.

Die Positionen der Cysteinreste sind durch vertikale Striche und die der N-Glykosylierungsstellen durch Pfeilköpfe markiert. Die Positionen der 14 Introns und der bekannten krankheitsverursachenden Mutationen sind angegeben:

a) A 1 → (Met 1 → Leu) [52]
b) C 650 → T (Thr → Ile) [66, 67]
c) Insertion von 33 Basenpaaren nach G 777 (11 zusätzliche Aminosäuren nach Met 259) [68]
d) G 722 → C (Cys 241 → Ser) [64]
e) G 1154 → T (Cys 385 → Phe) [69]
f) T 155 → G (Cys 385 → Gly) [70]

F. Pathobiochemie von Aktivatorprotein-Mangelkrankheiten

Die pathobiochemische Analyse von Lipidosepatienten ohne Enzymdefekt führte noch zu einem weiteren überraschenden Ergebnis: Bei einem Patienten mit einer pleotrophen Speicherung von Sphingolipiden konnten wir nach Analyse des Strukturgens mit molekularbiologischen und immunologischen Methoden den vollständigen Ausfall des *sap*-Vorläuferproteins und seiner vier Prozessierungsprodukte, der Aktivatorproteine A, B, C und D nachweisen [52]. Der mit 17 Wochen verstorbene Patient und sein ungeborenes Geschwisterchen hatten eine homoallelische Punktmutation im einzigen Startcodon der mRNA des *sap*-Vorläufers (AUG->UUG), so daß die Biosynthese des Vorläuferproteins und somit auch die seiner Prozessierungsprodukte nicht angeschaltet werden konnte. Der Defekt bewirkt die gleichzeitige Speicherung von vielen Sphingolipiden beim Patienten: Ceramid, Glucosylceramid, Laktosylceramid, Gangliosid GM3, Galaktosylceramid, Sulfatiden, Galaktosylgalaktosylceramid und Globotriaosylceramid [53].

Dieser Befund unterstreicht unsere Hypothese über die Funktion der Sphingolipidaktivatorproteine (SAPs): Membranständige GSL mit kurzen Oligosaccharidketten sind wasserlöslichen Exohydrolasen nicht oder nur sehr schwer zugänglich. Ähnlich einem Rasenmäher können sie aufgrund der sterischen Hinderung durch die Membranoberfläche nur solche GSL angreifen, deren Zuckerketten weit genug in den wäßrigen Raum hinausragen. Für den Abbau der GSL mit kurzen Zuckerketten brauchen sie Hilfsproteine, die Sphingolipid-Aktivator-Proteine. Diese wirken u. a. als GSL-Bindungsproteine und damit als Liftasen für membranständige Glykolipide, die also die Wechselwirkung zwischen membranständigem GSL-Substrat und der jeweiligen Exohydrolase ermöglichen. Dabei muß ihre Funktion nicht auf die eines GSL-Bindungsproteins beschränkt bleiben; so wurden z. B. auch eine direkte Aktivierung der β-Glucosylceramid-β-Glucosidase durch *sap*-C nachgewiesen [54] und eine spezifische Wechselwirkung des GM2-Aktivators mit der Hexosaminidase A gezeigt [40].

Der gleichzeitige Defekt von vier SAPs führt zu einer intraendosomalen und intralysosomalen Anhäufung von Vesikeln, also zur Bildung von multivesikulären Körperchen (Abb. 18). Diese Beobachtung stützt unsere Hypothese über die Topologie der Endozytose und lysosomalen Verdauung.

Das Auftreten dieser intraendosomalen und intralysomalen Speichervesikel bei der kombinierten Aktivatorproteindefizienz weist auch auf eine allgemeine und wichtige Funktion der Glykolipide hin: Offensichtlich stabilisieren die (nicht mehr aus der Vesikelmembran extrahierbaren und damit abbauresistenten) GSL ihre Vesikel und deren Bausteine gegen den Abbau durch Phospholipasen, Proteasen und andere Hydrolasen, die in hoher Konzentration in den Lysosomen vorkommen. Allgemein betrachtet bilden Glykokonjugate offensichtlich eine Schutzschicht (Glykokalix) auf der antizytosolischen Seite von biologischen Membranen, die sie gegen eine vorzeitige enzymatische Verdauung schützen. Dabei können auch spezifische Wechselwirkungen eine Rolle spielen. Liegt z. B. Gangliosid GM1 als Bestandteil von Lipiddoppelschichten oberhalb einer Konzentration von 25 Mol % vor, so hemmt es den Abbau der Phospholipide dieser Schichten durch die Pankreas-Phospholipase A2 vollständig [55].

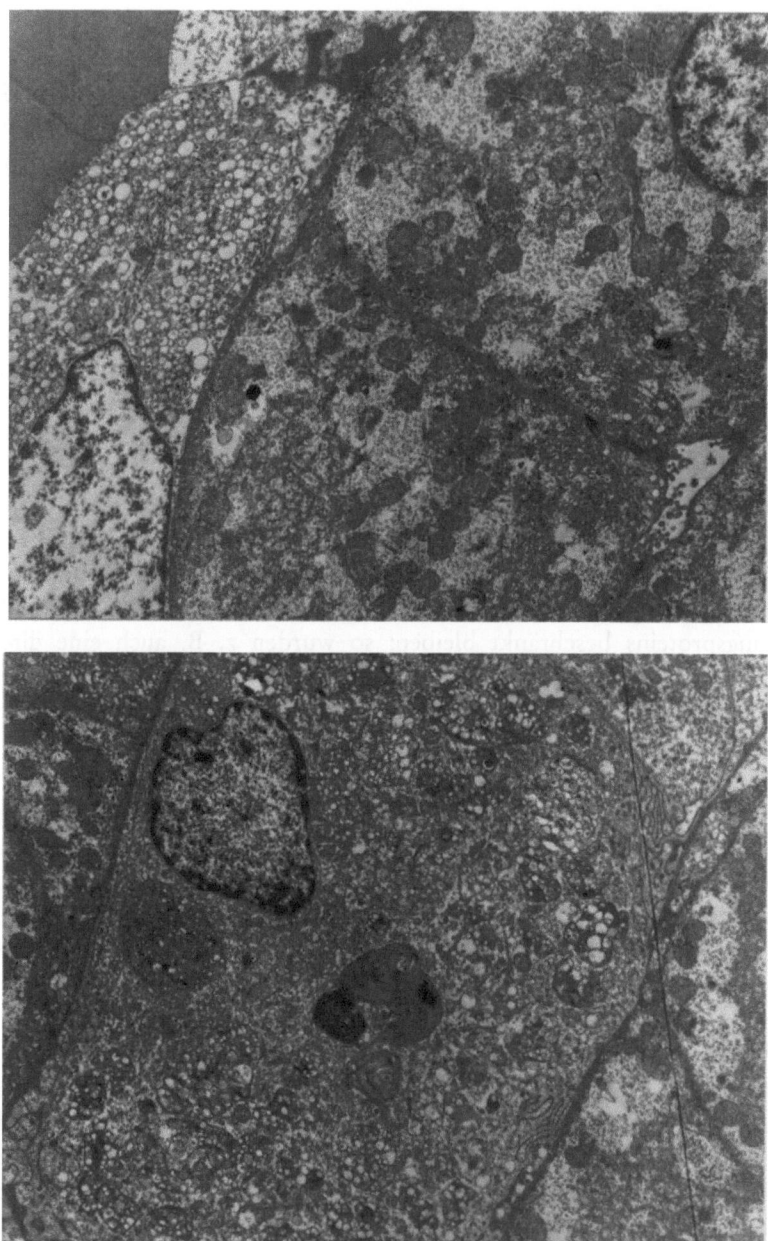

Abb. 18: Leberbiopsie eines *sap*-Vorläufer defizienten Patienten [71]
 Oben: Eine Sinusoidal-Zelle, links neben 2 Hepatozyten ist mit vesikulären Einschlüssen überfüllt. Die Hepatozyten enthalten multivesikuläre Körperchen.
 Unten: Sinusoidal-Zelle mit zusätzlichen membranösen Einschlüssen (x 10 000).

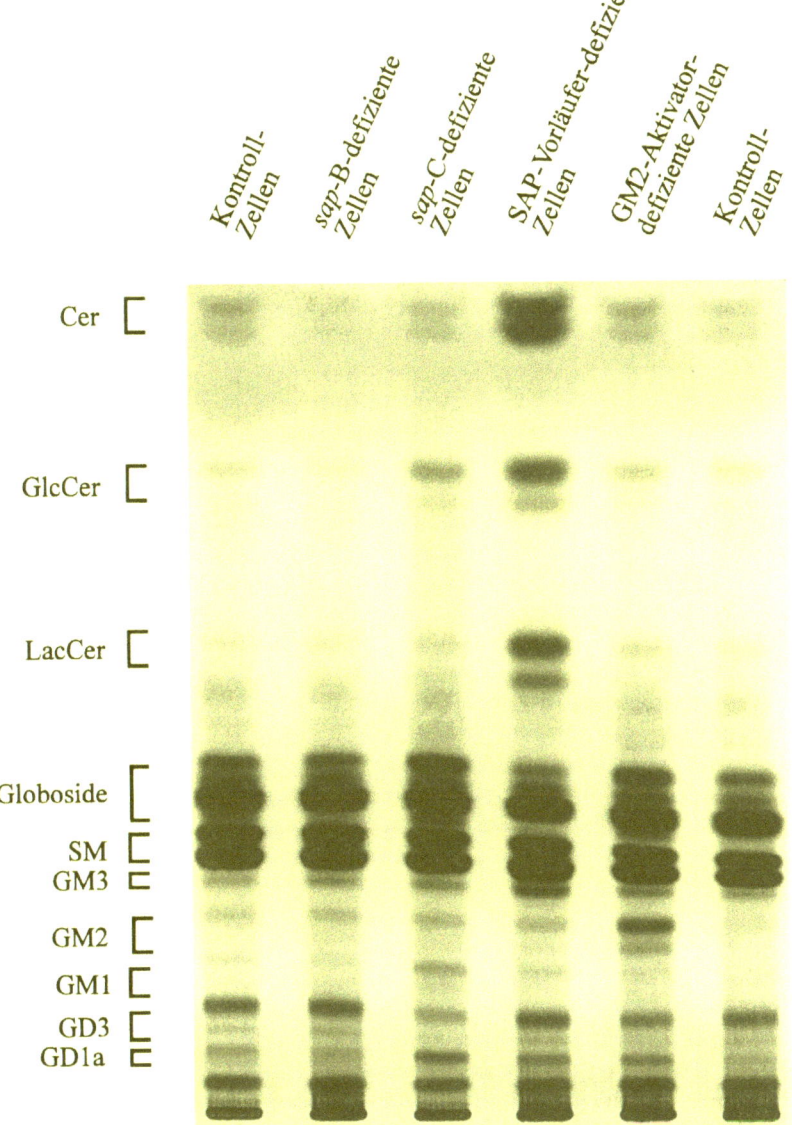

Abb. 19: Nachweis von Speichersubstanzen in Aktivatordefizienten Zellkulturen durch biosynthetische Markierung [56]
Fibroblasten von Patienten mit der Defizienz verschiedener Sphingolipid-Aktivatorproteine und normale Kontrollen wurden 24h mit [^{14}C]-Serin (1 µCi/ml) inkubiert. Nach Entfernung des Mediums erfolgte ein 120-stündiger *Chase* mit einem Medium, welches unmarkiertes Serin enthielt. Nach Ernten der Zellen wurde die Sphingolipidfraktion isoliert, gleiche radioaktive Mengen mittels Dünnschichtchromatographie aufgetrennt und mit Hilfe der Autoradiographie sichtbar gemacht. Verwendete Abkürzungen: GlcCer, Glucosylceramid, LacCer, Laktosylceramid, SM, Sphingomyelin.

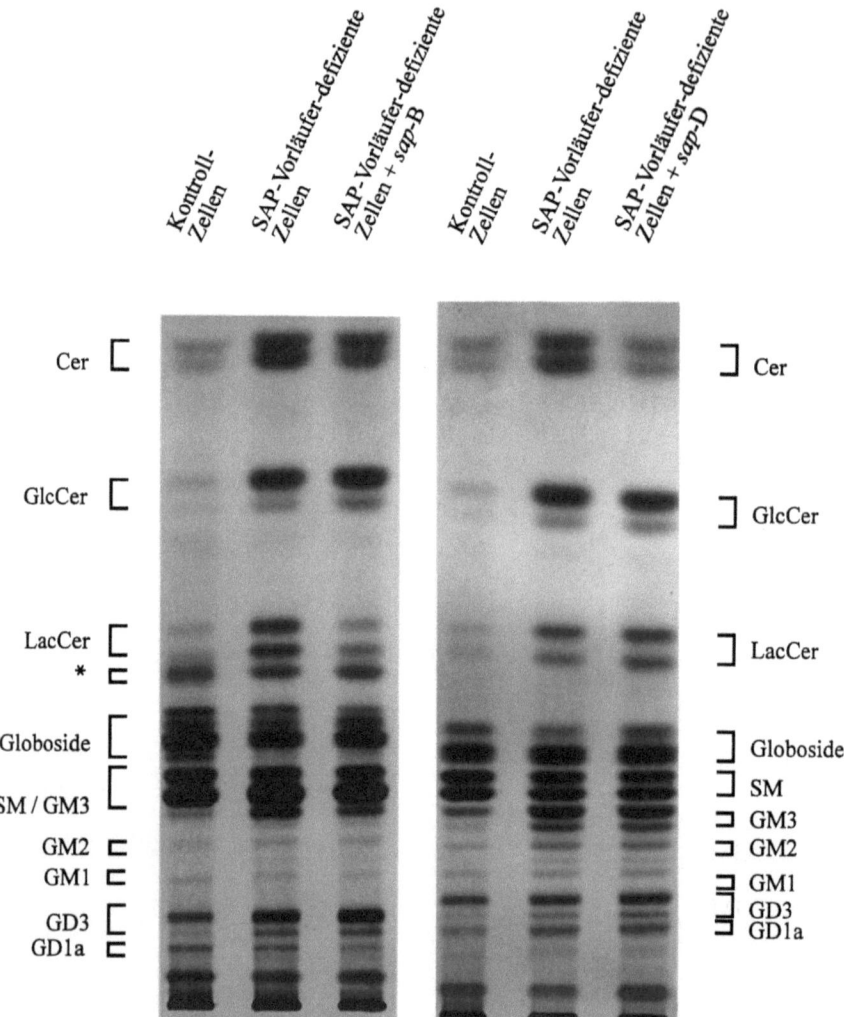

Abb. 20: Einfluß von *sap*-B und *sap*-D auf den Umsatz markierter Sphingolipide in kultivierten Fibroblasten [56]

Fibroblasten von einem Patienten mit *sap*-Vorläuferdefizienz und normale Kontrollen wurden 24h mit [^{14}C]-Serin (1 µCi/ml) inkubiert. Nach Entfernung des Mediums erfolgte ein 120-stündiger *Chase* mit einem Medium, welches unmarkiertes Serin und – wenn angegeben – 25 µg/ml *sap*-B (links) bzw. *sap*-D (rechts) enthielt. Nach Ernten der Zellen wurden die Sphingolipidfraktion isoliert, gleiche radioaktive Mengen mittels Dünnschichtchromatographie aufgetrennt und mit Hilfe der Autoradiographie sichtbar gemacht. Verwendete Abkürzungen: GlcCer, Glucosylceramid, LacCer, Laktosylceramid, SM, Sphingomyelin, (*), unidentifizierte Bande.

Auch im postmortalen Hirn eines Feten mit einem kombinierten Defekt der Hexosaminidase A und B (Defizienz der Hex-β-Kette, Var. 0 der GM2-Gangliosidose oder Sandhoff'sche Erkrankung) wurde die intralysosomale Gangliosidspeicherung in Form von multivesikulären Körperchen beobachtet. Die primäre vesikuläre Speicherform geht später offensichtlich in die der multilamellierten zytoplasmatischen Körperchen (MCB's) über.

Die Speicherung von GSL läßt sich in kultivierten mutanten Zellen durch Puls-Chase Experimente direkt nachweisen [56] (Abb. 19). So werden die Speichersubstanzen von kultivierten Hautzellen verschiedener Patienten z. B. nach einer biosynthetischen Markierung mit [^{14}C] Serin und einer langen Chase-Periode sichtbar. Natürlich treten hier nur solche Speichersubstanzen auf, die von den kultivierten Hautzellen auch synthetisiert werden, z. B. Glucosylceramid bei *sap*-C-Defizienz, Gangliosid GM2 bei Defizienz des GM2-Aktivators bzw. bei Defizienz der Hexosaminidase A, sowie Ceramid, Glucosylceramid, Laktosylceramid und Gangliosid GM3 bei der Defizienz des SAP-Vorläufers. Dieses Zellkulturmodell ist nicht nur als diagnostischer Test sehr nützlich (z. B. für die Farber'sche Erkrankung), sondern gestattet auch, die *in situ* Funktion der einzelnen SAPs zu analysieren. Diese zeigen in diesen Experimenten trotz ihrer hohen Homologie eine erstaunliche Spezifität. So führt z. B. das Zufüttern eines reindargestellten *sap*-B zu den markierten Zellen mit SAP-Vorläuferdefizienz nur zum Verschwinden der Speicherung von Laktosylceramid [56] (Abb. 20), während die Spiegel an Ceramid und Glucosylceramid unverändert bleiben. Andererseits bewirkt die Zufütterung von *sap*-D nur das Verschwinden der Ceramidspeicherung, ein erster konkreter Hinweis auf die Funktion dieses Aktivatorproteins.

G. Mechanismen der Pathogenese von Lipidosen

Die Pathogenese von Erbleiden ist komplexer Natur und bei keiner Krankheit vollständig verstanden. Dies gilt auch für die Lipidosen, obwohl sie einem einfachen pathobiochemischen Schema folgen. Einerseits können, wie bei vielen anderen Krankheiten, Defekte in ganz verschiedenen Strukturgenen zu klinisch ähnlichen, ja beinahe gleichen Krankheitsbildern führen. So resultieren z. B. Defekte in den α-Ketten der Hexosaminidasen A und S, Defekte in den β-Ketten der Hexosaminidasen A und B und Defekte im GM2-Aktivator in klinisch ähnlichen Krankheitsbildern, die früher unter dem Begriff der amaurotischen Idiotie zusammengefaßt wurden [3, 57] (vgl. oben). Andererseits führen verschiedene Mutationen in ein- und demselben Strukturgen zu unterschiedlichen Krankheitsverläufen, die manchmal sogar unter verschiedenen Eponymen bekannt geworden sind. So sind schwere Verlaufsformen des α-Iduronidase-Defekts als Hurler'sche und mildere Verlaufsformen als Scheie'sche Erkrankung bekannt [6]. Sogar Patienten mit identischen Mutationen im gleichen Strukturgen, z. B. in dem der Arylsulfatase A [58], können unterschiedliche klinische Verlaufsformen zeigen; wahrscheinlich werden sie durch einen jeweils verschiedenen genetischen Hintergrund bedingt. Trotz dieser enormen Heterogenität und der nur mittelbaren Verbindung zwischen Genotyp und Phänotyp einer Krankheitsform, ist es möglich, einige pathogenetische Faktoren anzugeben und eine plausible Brücke zwischen Genotyp und Phänotyp zu schlagen.

Für die Pathogenese der erblichen Sphingolipidosen sind u. a. folgende Gesichtspunkte wichtig:
a) Die zelltypische Expression einzelner Sphingolipide bedingt, daß bei einer Abbaustörung die Speicherung primär in den Zellen und Geweben beobachtet wird, in denen die Lipidsubstrate des mutierten Enzymschritts vor allem synthetisiert (z. B. komplexe Ganglioside in Neuronen) oder von denen sie durch Phagozytose aufgenommen werden (z. B. Glycosylceramidspeicherung in Makrophagen bei Glucosylceramid-β-Glucosidase-Mangel, der Gaucher'schen Erkrankung).

b) Mutationen in den Proteinen des Sphingolipidabbaus führen zu Störungen im lysosomalen Sphingolipidumsatz (turnover).

Sie können biochemisch ganz verschiedene Auswirkungen auf die betroffenen Proteine haben; trotzdem lassen sie sich in dem relativ einfachen Fall einer lysosomalen Speicherung als V_{max}-Mutationen behandeln, die also letztlich die maximale katabole Umsatzrate für die zu betrachtenden Substrate herabsetzen (vgl. Abschnitt H: Das Ausmaß einer Abbaustörung ...).

Abbaudefekte können im Laufe weniger Jahre zur massiven Glykolipidspeicherung führen, z. B. häufen Patienten mit infantilen Formen einer Gangliosidose etwa 12 g der reinen Speichersubstanz bis zum Tod im Gehirn an. Diese massive Ablagerung ist von der Anhäufung kopräzipitierender Phospholipide, Cholesterin und Proteine begleitet. Sie führt zu einer mechanischen Störung der betroffenen Neurone (vgl. Abb. 9). Die Einlagerung der Speichersubstanz in die unterschiedlichen Membranen der Zelle trägt überdies zu deren Funktionsuntüchtigkeit bei.

Der Substratumsatz im lysosomalen Kompartiment kann durch Mutationen in ganz unterschiedlicher Weise gemindert werden, z. B. aufgrund:
– einer verminderten molekularen spezifischen Aktivität des katabolen Enzyms oder

– einer verminderten Menge an neugebildetem Enzymprotein, u. a. bedingt durch eine reduzierte oder fehlerhafte Bildung seiner mRNA, z. B. aufgrund von splice site Mutationen bzw. einer Instabilität der mutierten mRNA oder

– eines gestörten Prozessierens und intrazellulären Sortierens des Proteins (z. B. aufgrund mutierter Peptidsignale bzw. eines gestörten Sortiersystems der Zelle) oder

– einer verminderten Stabilität des mutierten Proteins in den Lysosomen, z. B. gegenüber Proteasen, oder

– einer veränderten Substratspezifität des mutierten Enzyms, wie sie in der Variante B1 oder GM2-Gangliosidose vorliegt [40, 59].

c) Eine Abbaustörung kann zur Anhäufung morphogenetisch aktiver Verbindungen führen.

So wird bei der GM2-Gangliosidose offenbar durch den erhöhten Gangliosidgehalt in den neuronalen Plasmamembranen die Ausbildung von neuronalen Fehlverbindungen induziert, also die Bildung von zusätzlichen Synapsen im Axonhillock (Axonhügel) der Meganeuriten [60].

d) Eine Abbaustörung kann aber auch die Ansammlung toxischer Verbindungen bedingen.

So verursacht der Defekt der Galaktosylceramid-β-Galaktosidase bei der Krabbe'schen Entmarkungskrankheit das Auflaufen des membranzerstörenden Detergenz, β-D-Galaktosylsphingosins. Diese lytische Verbindung zerstört spezifisch die Zellen ihrer Biosynthese, die Oligodendrozyten. Der Untergang dieser myelinbildenden Zellen leitet eine tödliche Entmarkungskrankheit ein [61].

H. Das Ausmaß einer Abbaustörung verursacht verschiedene klinische Verlaufsformen einer Krankheit

Die maximale Umsatzrate eines katabolen Systems (V_{max})[2] liegt in gesunden Zellen stets oberhalb der Einstromrate (v_i) der abzubauenden Substrate (Abb. 21). Erst wenn die maximale Umsatzrate des katabolen Systems (V_{max}) aufgrund einer Mutation unter den Spiegel der Einstromrate (v_i) der Substrate

---

[2] für: $S+E \rightleftharpoons ES \xrightarrow{k_3} E+P$;
S = Substrat, E = Enzym, P = Produkt; k_3 = Geschwindigkeitskonstante; ES = Enzymsubstratkomplex und $V_{max} = k_3 \cdot [E]$.

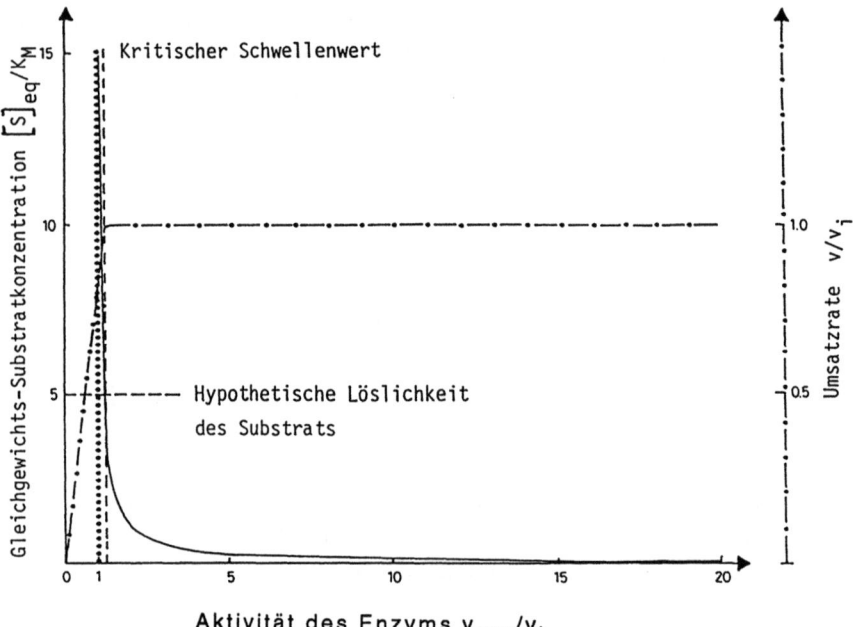

Abb. 21: Restliche Aktivität eines mutierten Enzyms und Umsatz seines Substrats in den Lysosomen [62]
Die Substratkonzentration ist als Vielfaches der Michaeliskonstante K_M, die Umsatzrate und die Enzymaktivität (V_{max}) sind als Vielfache der Einstromrate (v_i) dargestellt.
——— Substratgleichgewichtskonzentration $[S]eq/K_M$
—·— Umsatzrate des Substrats (v/v_i)
······· Kritischer Schwellwert der Emzymaktivität
— — — Kritischer Schwellwert der Enzymaktivität unter Berücksichtigung begrenzter Löslichkeit des Substrats

fällt ($V_{max}/v_i < 1$) kommt es zur irreversiblen Substratspeicherung und damit zu einer Krankheit (vgl. Abb. 21).

Durch verschiedene Mutationen und pathobiochemische Mechanismen kann die Aktivität des katabolen Systems auf unterschiedliche Restspiegel innerhalb des lysosomalen Kompartiments abgesenkt werden. Die Höhe dieser Restspiegel sollte einen direkten Einfluß auf die Pathogenese klinischer Verlaufsformen haben. Das jeweils mutierte Protein und die dadurch bedingten maximalen Aktivitäten (V_{max}) des abbauenden Systems bilden ein entscheidendes Bindeglied zwischen Genotyp und Phänotyp der jeweiligen Krankheit. Unter den relativ einfachen Randbedingungen des lysosomalen Abbaus läßt sich anhand einfacher enzymkinetischer Betrachtungen ein Zusammenhang zwischen der Höhe der restlichen Enzymaktivität und dem Substratumsatz herstellen (Abb. 21) [62].

Zu den Randbedingungen des Modells gehören unter anderem,

– daß die Aktivität der lysosomalen Enzyme keiner direkten Steuerung unterliegt,

– daß die Einstromraten (v_i) an Lipidsubstraten in die Lysosomen über längere Zeiträume konstant bleiben und von der Störung im Abbau nicht wesentlich verändert werden und

– daß die katabolen Enzyme der Michaelis-Menten-Theorie gehorchen.[3]

Für diese plausiblen Randbedingungen läßt sich die Umsatzrate (v) und die Substratgleichgewichtskonzentration (Seq) als Funktion der jeweils noch vorhandenen maximalen Abbaurate eines mutierten katabolen Proteins bzw. Enzyms ($V^{mut}_{max} = [E_{mut}] \times k_3$) beschreiben (Abb. 21),

$$\frac{[Seq]}{Km_{mut}} = \frac{1}{\frac{V^{mut}_{max}}{v_i} - 1}$$

wobei K_m die Michaeliskonstante bedeutet, also die Substratkonzentration, bei der eine halbmaximale Geschwindigkeit der enzymatischen Reaktion erreicht wird.

Wenn man berücksichtigt, daß unter Normalbedingungen die Kapazität V_{max} des abbauenden Systems die jeweilige Einstromrate des Substrats in das lysosomale Kompartiment um ein Vielfaches übersteigt, kann man folgende Schlußfolgerungen ziehen:

Ein Absenken des maximalen katabolen Enzymaktivitätsspiegels (V_{max}), z. B. auf Werte hinunter bis zu 20 % der Norm, wie es bei vielen Überträgern von rezessiv vererbten Krankheiten auftritt, hat keinen Einfluß auf die Umsatzrate v. Das Verhältnis v/v_i bleibt konstant, da eine Verminderung der maximalen katabolen Enzymaktivität (V^{mut}_{max}) durch einen Anstieg des Substratspiegels (Seq) und damit durch eine erhöhte Substratsättigung des katabolischen Enzyms ausgeglichen wird (Abb. 21). Der Substratspiegel steigt dabei solange an, bis die ursprüngliche Konzentration des ES-Komplexes wieder erreicht wird, d. h., bis die Abbaurate ($v = k_3 \cdot [ES]$) die Einstromrate v_i wieder kompensiert. Dieser Kompensationsmechanismus hält den enzymatischen Substratumsatz auch dann noch konstant, wenn die maximale katabole Aktivität V^{mut}_{max} auf

---

[3] $v = \dfrac{V_{max} \cdot [S]}{K_m + [S]}$

den Wert der Substrateinstromrate (v_i) in das Lysosom abgesunken ist. Bei diesem Schwellenwert der restlichen Enzymaktivität arbeitet das mutierte katabole Enzym bei maximaler Auslastung, es liegt vollständig in der Form des Enzym-Substratkomplexes vor. Ein Absinken der restlichen Enzymaktivität auf diesen Wert sollte noch zu keiner pathologischen Speicherung führen. So wird es verständlich, daß Probanden mit sogenannter Pseudodefizienz, z. B. mit einem durchschnittlichen Enzymaktivitätsverlust von bis zu 90 % der Hexosaminidase A oder der Arylsulfatase A, in der Regel nicht erkranken.

Erst ein Absinken der maximalen katabolen Enzymaktivität (V^{mut}_{max}) unter den Schwellwert (v_i) führt dann zur Speicherung des jeweiligen Lipidsubstrats, da nur noch ein Teil des anfallenden Substrats abgebaut werden kann. Erreicht z. B. der Quotient V^{mut}_{max}/v_i den Wert 0,75, so werden theoretisch noch 75 % des einströmenden Substrats abgebaut und 25 % gespeichert.

Das Modell (Abb. 21) sagt also voraus, daß ein Absenken der katabolen Enzymaktivität bis hinab zum Schwellenwert $V^{mut}_{max}/v_i = 1$ den normalen Substratfluß (flux rate) noch nicht einschränkt und daß erst unterhalb dieses Schwellwertes eine pathologische Speicherung auftritt. Dieses Modell haben wir durch Substratfluß- und Enzymaktivitätsmessungen an kultivierten Hautzellen von verschiedenen Patienten mit GM2-Gangliosidose überprüft (Abb. 22) [63]. Die experimentell gefundene Kurve ist eine gute Bestätigung unserer Hypothese. Danach sinkt der Substratfluß wie erwartet erst unterhalb

Abb. 22: Restliche Aktivität der Hexosaminidase A und Umsatz des Gangliosids GM2 in Fibroblastenkulturen von Patienten mit GM2-Gangliosidose [63]
Hautfibroblasten von normalen Probanden und Patienten mit verschiedenen Formen der GM2-Gangliosidose und deren Überträger wurden für 3 Tage mit radioaktiv markiertem Gangliosid GM2 in Kultur gefüttert. Dann wurden die Zellen geerntet, in Wasser homogenisiert und folgende drei Parameter bestimmt:
a) Gesamteinbau des Substrats
b) prozentualer Anteil des abgebauten Substrats
c) Aktivität der Hexosaminidase A gegenüber dem Gangliosid GM2 in Gegenwart des GM2-Aktivators.
AU = Aktivatoreinheit wie definiert in [72]
● α-Ketten-Defekt (Variante B der GM2-Gangliosidose oder Tay-Sachs'sche Erkrankung) infantile Form;
○ α-Ketten-Defekt, juvenile Form
■ α-Ketten-Defekt, adulte Form
△ β-Ketten-Defekt (Variante 0 der GM2-Gangliosidose oder Sandhoff'sche Erkrankung), infantile Form
▽ β-Ketten-Defekt, juvenile Form
▲ Aktivator-Defekt (Variante AB der GM2-Gangliosidose)
Gesunde Probanden:
∗ Obligate Überträger der GM2-Gangliosidose
□ Normale Kontrollen

Glykolipide der Zelloberfläche

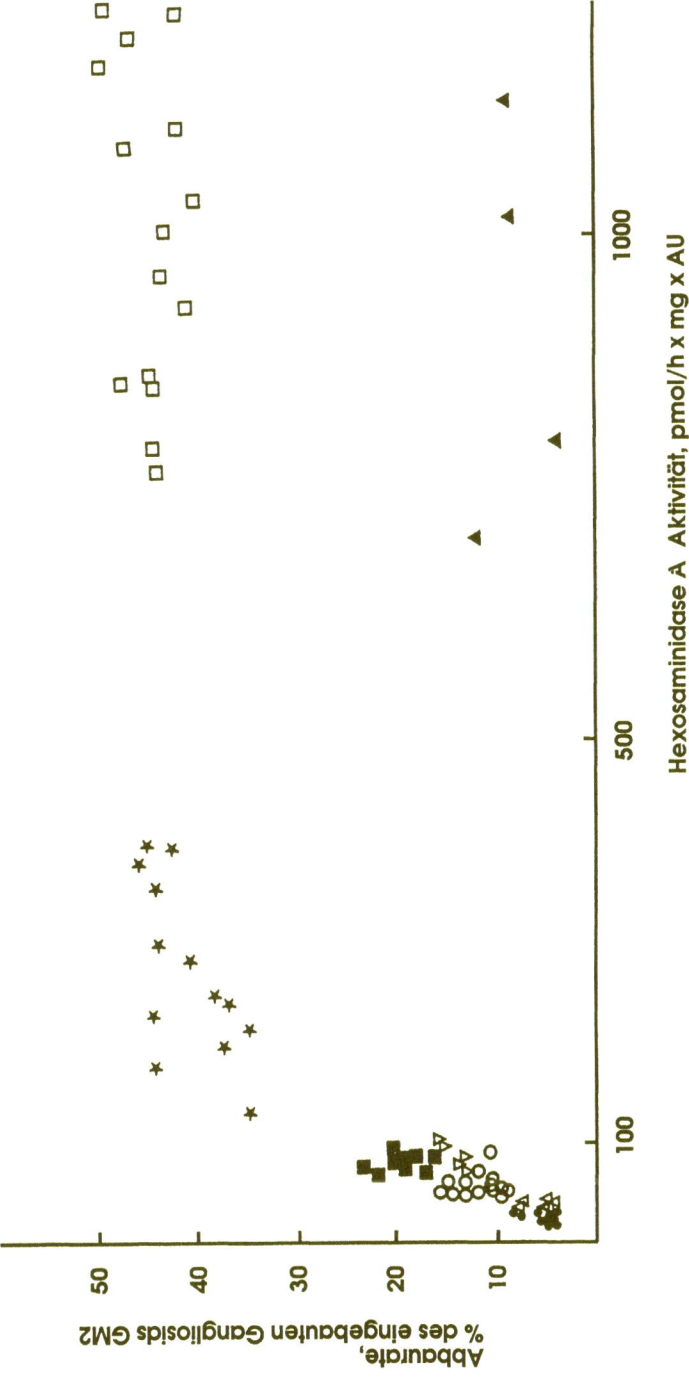

eines Schwellwertes linear mit abfallender Enzymaktivität ab. Patienten der klinisch heterogenen adulten Verlaufsform zeigen dabei einen deutlich höheren Turnover der Speichersubstanz als Patienten der klinisch anders ausgeprägten juvenilen, und diese wiederum zeigen ein höheres Turnover als die klinisch wiederum anders ausgeprägte infantile Verlaufsform der Krankheit. Geringere Unterschiede in der restlichen Enzymaktivität entsprechen dabei deutlichen Differenzen im jeweiligen Substratfluß.

Diese Modellstudien geben einen guten Hinweis auf die mögliche Pathogenese der verschiedenen klinischen Verlaufsformen einer Krankheit. Zu berücksichtigen ist hierbei, daß sich einzelne normale Nervenzelltypen sowohl in ihren Gangliosidbiosyntheseraten (v_i) als auch in ihren maximalen katabolen Enzymaktivitäten (V_{max}) unterscheiden. Bei infantilen Patienten der GM2-Gangliosidose liegt ein fast vollständiger Abbaublock vor (V^{mut}_{max} nahe null). Neusynthetisierte Ganglioside werden in allen Neuronen gespeichert. Die Speicherung führt zur Funktionsstörung und schließlich zum Absterben fast aller Nervenzellen. Das Krankheitsbild wird von einem ubiquitären Funktionsausfall fast aller Neurone geprägt.

Anders sieht das Bild bei den adulten Krankheitsformen aus, die sich auch klinisch von den infantilen deutlich unterscheiden. Hier kommt es zur Speicherung vor allem in den Neuronen mit besonders hoher Biosyntheserate, bei denen die Einstromrate v_i die maximal vorhandene Abbaurate V^{mut}_{max} übersteigt. Die Speicherung wird also vor allem in einer Unterklasse von Neuronen auftreten und bevorzugt zu ihrer Funktionsuntüchtigkeit und dann auch zu ihrem Untergang führen. Der funktionelle Ausfall einer Subpopulation von Nervenzellen (u. a. der Motorneurone) sollte dann auch das klinische Bild des Krankheitsverlaufs prägen. Interessanterweise zeigen elektronenoptische Untersuchungen an postmortalen Hirngeweben einen ubiquitären Speicherprozeß in den Neuronen infantiler Patienten, aber nur einen sporadischen bei Adulten [3].

I. Pathobiochemie der Zelloberfläche

Zellen sind von Plasmamembranen umgeben, deren Lipiddoppelschicht eine Phasengrenzfläche bildet, die das Zellinnere gegen die Umgebung abgrenzt. Die Plasmamembran dient mit ihren integralen Membranproteinen aber auch der Informationsübertragung von außen ins Zellinnere und ist bei Prokaryonten Ort des Energiestoffwechsels mit all seinen Enzymen. Bei Vielzellern kommt als prinzipielle Aufgabe die gesteuerte Wechselwirkung mit benachbarten Zellen, z. B. in einzelnen Geweben, hinzu, also die Zelladhäsion, die bei der Morphogenese und Embryogenese eine zentrale, wenn auch noch wenig verstandene Rolle spielt. An ihr sind u. a. integrale Membranproteine und Glykolipide beteiligt, die sich beide durch hydrophobe und für wäßrige Systeme schwer wieder abbaubare Molekülteile auszeichnen. Abbaustörungen in diesen Systemen führen einerseits zu den oben beschriebenen Lipidosen und andererseits zur Ablagerung hydrophober Proteindomänen, wie sie bei den Lipofuszinosen und der Alzheimerschen Erkrankung beobachtet werden. Phasengrenzflächen von Membranen werden überdies für die Kompartimentierung des Zellstoffwechsels, den Aufbau von Stoff- und elektrischen Gradienten, der Informationsübertragung und -verarbeitung, z. B. im Nervensystem, benötigt.

Die Biochemie der Phasengrenzflächen ist noch wenig verstanden. Einige ihrer Aspekte können – wie oben gezeigt – durch pathobiochemische Analysen erhellt werden.

Danksagung:

Herrn Dr. Kolter danke ich für seine Hilfe bei der Zeichnung einiger Figuren, Frau Rau für ihre Hilfe bei der Erstellung des Manuskripts. Die Arbeiten im Labor des Autors wurden von der Deutschen Forschungsgemeinschaft unterstützt.

Literatur

[1] V. A. McKusick in: *Mendelian inheritance in man – Catalogs of autosomal dominant, autosomal recessive, and x-linked phenotypes,* Fifth Edition. The Johns Hopkins University Press, 1978.
[2] C. R. Scriver, A. L. Beaudet, W. S. Sly, D. Valle (eds.), *The Metabolic and Molecular Bases of Inherited Disease,* 7th Edition, David Mc. Graw Hill, N. Y., 1995.
[3] K. Sandhoff, E. Conzelmann, E. F. Neufeld, M. M. Kaback, K. Suzuki: The GM2-Gangliosidosis. In: C. Scriver, A. L. Beaudet, W. S. Sly, D. Valle (eds.), *The Metabolic Basis of Inherited Disease,* 6th Edition. David Mc. Graw Hill, N. Y., II, Chapter 72, p. 1807–1839, 1989.
[4] K. Sandhoff, K. Harzer, W. Fürst: Sphingolipid activator proteins. In: C. R. Scriver, A. L. Beaudet, W. S. Sly, D. Valle (eds.), *The Metabolic and Molecular Bases of Inherited Disease,* 7th Edition, David Mc. Graw Hill, N. Y., Chapter 76, 2427, 1995.
[5] R. A. Gravel, J. T. R. Clarke, M. M. Kaback, D. Mahuran, K. Sandhoff, K. Suzuki: The GM2-gangliosidosis. In: C. R. Scriver, A. L. Beaudet, W. S. Sly, D. Valle (eds.), *The Metabolic and Molecular Bases of Inherited Disease,* 7th Edition, David Mc Graw Hill, N. Y., Chapter 92, 2839, 1995.
[6] E. F. Neufeld, J. Münzer: The mucopolysaccaridoses. In: C. Scriver, A. L. Beaudet, W. S. Sly, D. Valle (eds.), *The Metabolic Basis ov Inherited Disease,* 6th Edition. David Mc. Graw Hill, N. Y., II, Chapter 61, p. 1565, 1989.
[7] R. W. Ledeen, R. K. Yu: Gangliosides: Structure isolation, and analysis. In: V. Ginsberg (ed.), *Methods in Enzymology* 83, 139, 1982.
[8] K. Sandhoff, G. van Echten: Ganglioside metabolism – Topology and regulation. In: R. M. Bell, Y. A. Hannun, A. H. Merrill Jr. (eds.), *Advances in Lipid Research 26,* Academic Press, Inc. p. 119, 1993.
[9] K. M. Walton, K. Sandberg, T. B. Rodgers, R. L. Schnaar: Complex ganglioside expression and tetanus toxin binding by PC12 pheochromocytoma cells. *J. Biol. Chem. 263,* 2055, 1988.
[10] K. Bock, M. E. Breimer, A. Brignole, C. G. Hansson, K. A. Karlsson, G. Larson, H. Leffler, B. E. Samuelsson, N. Strömberg, C. Svanborg Eden, J. Thurin: Specificity of binding of a strain of uropathogenic Escherischia coli to Galα1->4Gal-containing glycosphingolipids. *J. Biol. Chem. 260,* 8545 (1985).
[11] M. A. K. Markwell, L. Svennerholm, J. C. Paulson: Specific gangliosides function as host cell receptors for Sendai virus. *Proc. Natl. Acad. Sci. USA 78,* 5406 (1981).
[12] P. M. Colman, J. N. Varghese, W. G. Laver: Structure of the catalytic and antigenic sites in influenza virus neuraminidase. *Nature 303,* 41, 1982.
[13] L. Svennerholm: Biological significance of gangliosides. In: H. Dreyfus, R. Massarelli, L. Freysz, G. Rebel (eds.), *Cellular and Pathological Aspects of Glycoconjugate Metabolism 126,* p. 21, Inserm, France, 1984.
[14] K.-A. Karlsson: Animal glycosphingolipids as membrane attachment sites for bacteria. *Annu. Rev. Biochem. 58,* 309 (1989).
[15] M. L. Phillips, E. Nudelman, F. C. A. Gaeta, M. Perez, A. K. Singhal, S.-I. Hakomori, J. C. Paulson: ELAM-1 mediates cell adhesion by recognition of a carbohydrate ligand, Sialyl-Le^x. *Science 250,* 1130 (1190).

[16] G. WALZ, A. ARUFFO, W. KOLANUS, M. BEVILACQUA, B. SEED: Recognition by ELAM-1 of the Sialyl-Le^x determinant on myeloid and tumor cells. *Science* 250, 1132 (1990).
[17] S.-I. HAKOMORI: Glycosphingolipids as differentiation-dependent tumor-associated markers and as regulators of cell proliferation. *Trends Biochem. Sci.* 9, 453 (1984).
[18] B. A. FENDERSON, U. ZEHAVI, S.-I. HAKOMORI: A multivalent lacto-N-fucopentanose III-lysyllysine conjugate decompacts preimplantation mouse embryos, while the free oligosaccharide is ineffective. *J. Exp. Med.* 160, 1591 (1985).
[19] H. A. HANSSON, J. HOLMGREN, L. SVENNERHOLM: Ultrastructural localization of cell membrane GM1 ganglioside by cholera toxin. *Proc. Natl. Acad. Sci. USA* 74, 3782 (1977).
[20] R. LEDEEN: Gangliosides of the neuron. *Trends Neurosci.* 8, 169 (1985).
[21] G. VAN ECHTEN, K. SANDHOFF: Modulation of ganglioside biosynthesis in primary cultured neurons. *J. Neurochem.* 52, 207 (1989).
[22] G. VAN ECHTEN, K. SANDHOFF: Ganglioside Metabolism: Enzymology, topology and regulation. *Minireview, J. Biol. Chem.* 268, 5341 (1993).
[23] W. TAY: Symmetrical changes in the region of the yellow spot in each eye of an infant. *Trans. Ophthalmol. Soc. U. K.* 1, 155, 1881.
[24] B. SACHS: A family form of idiocy, generally fatal associated with early blindness. *J. Nerv. Ment. Dis.* 21, 475, 1896.
[25] B. SACHS: On arrested cerebral development with special reference to its cortical pathology. *J. Nerv. Ment. Dis.* 14, 541, 1887.
[26] R. TERRY, M. WEISS: Studies on Tay-Sachs disease: II. Ultrastructure of the cerebrum. *J. Neuropath. Exp. Neurol.* 22, 18 (1963).
[27] E. KLENK: Beiträge zur Chemie der Lipidosen, *Hoppe-Seyler's Z. Physiol. Chem.* 267, 128 (1940).
[28] R. KUHN, W. WIEGANDT: Die Konstitution der Ganglio-N-tetraose und des Gangliosids G$_I$. *Chem. Ber.* 96, 866 (1963).
[29] A. MAKITA, T. YAMAKAWA: The glycolipids of the brain of Tay-Sachs ganglioside. The chemical structure of globoside and main ganglioside. *Jpn. J. Exp. Med.* 33, 361 (1963).
[30] R. LEDEEN, K. SALSMAN: Structure of the Tay-Sachs ganglioside. *Biochemistry* 4, 2225 (1965).
[31] W. FÜRST, K. SANDHOFF: Activator proteins and topology of lysosomal sphingolipid catabolism. Review *Biochim. Biophys. Acta* 1126, 1 (1992).
[32] K. SANDHOFF, A. KLEIN: Intracellular trafficking of glycosphingolipids: role of sphingolipid activator proteins in the topology of endocytosis and lysosomal digestion. *Minireview, FEBS Lett.*, im Druck (1994).
[33] G. W. GRIFFITHS, B. HOFLACK, K. SIMONS, I. S. MELLMAN, S. KORNFELD: The mannose-6-phosphate-receptor and the biogenesis of lysosomes. *Cell* 52, 329 (1988).
[34] S. R. CARLSSON, J. ROTH, F. PILLER, M. FUKUDA: Isolation and characterization of human lysosomal membrane glycoproteins, h-lamp-1 and h-lamp-2 – Major sialoglycoproteins carrying polylactosaminoglycan. *J. Biol. Chem.* 263, 18911, 1988.
[35] C. R. HOPKINS, A. GIBSON, M. SHIPMAN, K. MILLER: Movement of internalized ligand-receptor complexes along a continous endosomal reticulum. *Nature* (London) 346, 335 (1990).
[36] C. A. RENFREW, A. L. HUBBARD: Degradation of epidermal growth factor receptor in rat liver. *J. Biol. Chem.* 266, 21265 (1991).
[37] R. HENNING, W. STOFFEL: Glycosphingolipids in lysosomal membranes. *Hoppe-Seyler's Z. Physiol. Chem.* 354, 760 (1973).
[38] K. SANDHOFF: Variation of β-N-acetylhexosaminidase-pattern in Tay-Sachs disease. *FEBS Lett.* 4, 351, 1969.
[39] E. CONZELMANN, K. SANDHOFF: AB variant of infantile GM2-gangliosidosis: Deficiency of a factor necessary for stimulation of hexosaminidase A-catalyzed degradation of ganglioside GM2 and glycolipid GA2. *Proc. Natl. Acad. Sci. USA* 75, 3979 (1978).
[40] H.-J. KYTZIA, K. SANDHOFF: Evidence for two different active sites on human hexosaminidase A – Interaction of GM2 activator protein with hexosaminidase A. *J. Biol. Chem.* 260, 7568 (1985).

[41] E. M. MEIER, G. SCHWARZMANN, W. FÜRST, K. SANDHOFF: The human GM2 activator protein: a substrate specific cofactor of hexosaminidase A. *J. Biol. Chem. 266*, 1879 (1991).
[42] A. VOGEL, G. SCHWARZMANN, K. SANDHOFF: Glycosphingolipid specifity of the human sulfatide activator protein. *Eur. J. Biochem. 200*, 5917 (1991).
[43] M. SCHRÖDER, D. SCHNABEL, R. HURWITZ, E. YOUNG, K. SUZUKI, K. SANDHOFF: Molecular genetics of GM2-gangliosidosis AB variant: A novel mutation and expression in BHK cells. *Hum. Genet. 92*, 437 (1993).
[44] M. SCHRÖDER, D. SCHNABEL, K. SUZUKI, K. SANDHOFF: A mutation in the gene of a glycolipid-binding protein (GM2-activator) that causes GM2-gangliosidosis variant AB. *FEBS Lett. 290*, 1 (1991).
[45] H. KLIMA, A. KLEIN, A. VAN ECHTEN, G. SCHWARZMANN, K. SUZUKI, K. SANDHOFF: Overexpression of a functionally active human GM2-activator protein in Escherichia coli. *Biochem. J. 292*, 571 (1993).
[46] E. MEHL, H. JATZKEWITZ: Eine Cerebrosid-Sulfatase aus Schweineniere. *Hoppe-Seyler's Z. Physiol. Chem. 339*, 260 (1964).
[47] W. FÜRST, J. SCHUBERT, W. MACHLEIDT, K. SANDHOFF: The complete amino-acid sequences of human ganglioside GM2-activator protein and cerebroside sulfate activator protein. *Eur. J. Biochem. 192*, 709, 1990.
[48] A. ZSCHOCHE, W. FÜRST, G. SCHWARZMANN, K. SANDHOFF: Hydrolysis of lactosylceramide by human galactosylceramidase and GM1-β-galactosidase in a detergent-free system and its stimulation by sphingolipid activator proteins, sap-B and sap-C. *Eur. J. Biochem. 222*, 83 (1994).
[49] W. FÜRST, W. MACHLEIDT, K. SANDHOFF: The precursor of sulfatide activator protein is processed to three different proteins. *Biol. Chem. Hoppe-Seyler, 369*, 317 (1988).
[50] J. S. O'BRIEN, K. A. KRETZ, N. DEWJI, D. A. WENGER, F. ESCH, A. L. FLUHARTY; Coding of two sphingolipid activator proteins (SAP-1 and SAP-2) by same genetic locus. *Science 241*, 1098 (1988).
[51] T. NAKANO, K. SANDHOFF, J. STÜMPER, H. CHRISTOMANOU, K. SUZUKI: Structure of full-length cDNA coding for sulfatide activator, a co-β-glucosidase and two other homologous proteins: Two alternate forms of the sulfatide activator. *J. Biochem. 105*, 152 (1989).
[52] D. SCHNABEL, M. SCHRÖDER, W. FÜRST, A. KLEIN, R. HURWITZ, T. ZENK, J. WEBER, K. HARZER, B. C. PATON, A. POULOS, K. SUZUKI, K. SANDHOFF: Simultaneous deficiency of sphingolipid activator proteins 1 and 2 is caused by a mutation in the initiation codon of their common gene. *J. Biol. Chem. 267*, 3312 (1992).
[53] V. BRADOVA, F. SMID, B. ULRICH-BOTT, W. ROGGENDORF, B. C. PATON, K. HARZER: Prosaposin deficiency: Further characterization of the sphingolipid activator protein-deficient sibs. Multiple glycolipid elevations (including lactosylceramidosis), partial enzyme deficiencies and ultrastructure of the skin in this generalized sphingolipid storage disease. *Hum. Genet. 92*, 143 (1993).
[54] M. W. Ho, J. S. O'BRIEN: Gaucher's disease – Deficiency of ‚acid' β-glucosidasee and reconstitution of enzyme activity in vitro. *Proc. Natl. Acad. Sci. USA 68*, 2810 (1971).
[55] I. D. BIANCO, G. D. FIDELIO, B. MAGGIO: Modulation of phospholipase A_2 activity by neutral and anionic glycosphingolipids in monolayers. *Biochem. J. 258*, 95 (1989).
[56] A. KLEIN, M. HENSELER, C. KLEIN, K. SUZUKI, K. HARZER, K. SANDHOFF: Sphingolipid activator protein D (sap-D) stimulates the lysosomal degradation of ceramide in vivo. *Biochem. Biophys. Res. Commun. 200*, 1440 (1994).
[57] K. SANDHOFF, L. QUINTERN: Zentralnervöse Sphingolipid-Speicherkrankheiten – Grundlagen ihrer biochemischen und klinischen Heterogenität. *Naturwissenschaften 75*, 123 (1988).
[58] J. M. PENZIEN, J. M. KAPPLER, N. HERSCHKOWITZ, B. SCHUKNECHT, P. LEINEKUGEL, P. PROPPING, T. TONNESSEN, H. LOU, H. MOSER, S. ZIERS, E. CONZELMANN, V. GIESELMANN: Compound heterozygosity for metachromatic leukodystrophy and arylsulfatase A pseudodeficiency alleles is not associated with progressive neurological disease. *Am. J. Hum. Genet. 52*, 557, 1993.

[59] H.-J. KYTZIA, U. HINRICHS, I. MAIRE, K. SUZUKI, K. SANDHOFF: Variant of GM2-gangliosidosis with hexosaminidase A having a severely changed substrate specificity. *EMBO J. 2*, 1201 (1983).
[60] D. P. PUPURA, K. SUZUKI: Distortion of neuronal geometry and formation of aberrant synapses in neuronal storage disease. *Brain Res.* 116, 1 (1976).
[61] K. SUZUKI, Y. SUZUKI: Galactosylceramid lipidosis: Globoid cell leukodystrophy (Krabbe Disease). In: C. SCRIVER, A. L. BEAUDET, W. S. SLY, D. VALLE (eds.), *The Metabolic Basis of Inherited Disease*, 6th Edition. David Mc. Graw Hill, N. Y., II, Chapter 68, p. 1699, 1989.
[62] E. CONZELMANN, K. SANDHOFF: Partial enzyme deficiencies: Residual activities and the development of neurological disorders. *Dev. Neurosci. 6*, 58 (1983/84).
[63] P. LEINEKUGEL, S. MICHEL, E. CONZELMANN, K. SANDHOFF: Quantitative correlation between the residual activity of β-hexosaminidase A and arylsulfatase A and the severity of the resulting lysosomal storage disease. *Hum. Genet. 88*, 513 (1992).
[64] H. HOLTSCHMIDT, K. SANDHOFF, H. Y. KWON, K. HARZER, T. NAKANO, K. SUZUKI: Sulfatide activator protein: Alternative splicing generates three mRNAs and a newly found mutation responsible for a clinical disease. *J. Biol. Chem. 266*, 7556 (1991).
[65] H. HOLTSCHMIDT, K. SANDHOFF, W. FÜRST, H. KWON, D. SCHNABEL, K. SUZUKI: The organization of the gene for the human cerebroside sulfate activator protein: *FEBS Lett. 280*, 267 (1991).
[66] M. A. RAFI, X.-L. ZHANG, G. DE GALA, D. A. WENGER: Detection of a point mutation in sphingolipid activator protein-1 mRNA in patients with a variant form of metachromatic leukodystrophy. *Biochem. Biophys. Res. Commun. 166*, 1017 (1990).
[67] K. A. KRETZ, G. S. CARSON, S. MORIMOTO, Y. KISHIMOTO, A. L. FLUHARTY, J. S. O'BRIEN: Characterization of a mutation in a family with saposin B deficiency: A glycosylation site defect. *Proc. Natl. Acad. Sci. USA 87*, 2541 (1990).
[68] X.-L. ZHANG, M. A. RAFI, G. DE GALA, D. A. WENGER: Insertion in the mRNA of a metachromatic leukodystrophy patient with sphingolipid activator protein-1 deficiency. *Proc. Natl. Acad. Sci. USA 87*, 1426 (1990).
[69] D. SCHNABEL, M. SCHRÖDER, K. SANDHOFF: Mutation in the sphingolipid activator protein 2 in a patient with a variant of Gaucher disease. *FEBS Lett. 284*, 57 (1991).
[70] M. A. RAFI, G. DE GALA, X. ZHANG, D. A. WENGER: Mutational analysis in a patient with a variant form of Gaucher disease caused by SAP-2-deficiency. *Som. Cell Mol. Genet. 19*, 1 (1993).
[71] K. HARZER, B. C. PATON, A. POULOS, B. KUSTERMANN-KUHN, W. ROGGENDORF, T. GRISAR, M. POPP: Sphingolipid activator protein (SAP) deficiency in a 16-week-old atypical Gaucher disease patient and his fetal sibling: Biochemical signs of combined sphingolipidosis. *Eur. J. Pediatr. 149*, 31 (1989).
[72] E. CONZELMANN, K. SANDHOFF: Purification and characterization of an activator protein for the degradation of glycolipids GM2 and GA2 by hexosaminidase A. *Hoppe-Seyler's Z. Physiol. Chem. 360*, 1837 (1979).

Diskussion

Herr Assmann: Herr Sandhoff, ist es eigentlich so, daß obligat heterozygote Patienten aus dem großen Formenkreis der Patienten mit Glykosphingolidosen phänotypisch in der Regel oder grundsätzlich unauffällig sind? Wenn das so wäre, dann müßte man eigentlich sagen, daß entsprechende Defekte in der Medizin in erster Linie als seltene Erbkrankheiten eine Rolle spielen. Wenn es anders wäre, daß also die heterozygoten Patienten phänotypisch auffällig sind, dann könnte man eigentlich postulieren, daß die zugrunde liegenden Defekte von großer Bedeutung im Rahmen von polygenetischen multifaktoriellen Erkrankungen sind. Frage also: Kann man aus diesem ganzen Gebiet etwas für die generelle Biologie auf dem Sektor von Nervenkrankheiten lernen?

Herr Sandhoff: Obligat heterozygote Probanden als Überträger einzelner Glykosphingolipidosen sind in der Regel klinisch unauffällig. Wenn Sie aber als Folge der Abbaustörung Glykolipide auf der Zelloberfläche verstärkt exprimieren, werden Sie wahrscheinlich Probleme bekommen, da sie bei Zell-Zell-Adhäsion und damit bei der Embryogenese und Morphogenese eine Rolle spielen.

Solange die abbauende Kapazität für diese Substanzen in den Lysosomen groß genug ist, sind keine deutlichen klinischen Symptome zu erwarten. Wenn Sie aber Überträger der Lipidosen mit sehr niedriger enzymatischer Restaktivität anschauen, dann finden Sie eine Minisymptomatik. Das kann man sich wahrscheinlich dadurch erklären, daß während der Ontogenese die Spiegel der Biosynthese stark fluktuieren. Sie variieren während der Embryogenese und Morphogenese in einzelnen Zelltypen und überlasten z. T. die eingeschränkte Abbaukapazität.

Es ist also denkbar, daß ein partieller Defekt im Abbau während einer bestimmten Periode der Entwicklung zu einer Störung führt.

Herr Assmann: Ich darf noch kurz nachfragen. Sie erwähnten, daß dieser Aktivator auch Transferfunktionen für die Glykosphingolipide hat. Was bedeutet das, wenn man das in die Klinik übersetzen will?

Herr Sandhoff: Klinisch gesehen, können Aktivatordefekte genauso schwere Krankheiten verursachen wie Enzymdefekte. Der Kliniker beschreibt sie uns als Speicherkrankheit. Wir erkennen die wahre Ursache erst bei der biochemischen Untersuchung. Der klinische Phänotyp unterscheidet sich zwar etwas bei Aktivator- bzw. Enzymdefekten, der Unterschied wird aber erst bei genauer Untersuchung sichtbar.

Herr Assmann: Genau das ist meine Frage. Was sind die Unterschiede?

Herr Sandhoff: Die Unterschiede sind klinisch minimal und beruhen wahrscheinlich auf quantitativ unterschiedlichen Mustern an Speichersubstanzen. Aktivatordefekte wurden klinisch zuerst als atypische Formen von Enzymmangelkrankheiten beschrieben. Daß Aktivatoren Transferaktivitäten haben, spielt für die klinische Seite kaum eine Rolle. Dies ist nur innerhalb der Lysosomen wichtig. Hier können die Aktivatoren Glykolipide aus Membranen herausziehen und sie als auch die Vesikelmembranen zum Abbau freigeben. Man findet aber auch geringe Konzentrationen der Aktivatoren im Blut und in Extrazellulärflüssigkeiten. Ob dem eine physiologische Bedeutung zukommt, weiß ich nicht. Ich glaube es eigentlich nicht, da Zellen sehr zelltypische Glykolipidmuster aufrechterhalten. Hingegen soll das extrazelluläre Vorläuferprotein der Aktivatoren A, B, C und D Nervenzellen bzw. ihre Membranen stabilisieren. Sein Defekt könnte daher zellschädigend wirken.

Herr Assmann: Die Gentherapie spielt ja ohne Zweifel in den kommenden Jahren in der Medizin eine immer größere Rolle. Nun haben wir seit einiger Zeit eigentlich einen Durchbruch, zumindest tierexperimentell, indem wir alle heute in unseren Laboratorien Knockout-Mäuse erzeugen können. Sie können das mit Ihrer Sphingolipidose machen, und wir machen das aus einem anderen Interesse. Eigentlich macht man das, um tierexperimentell zu prüfen, ob die Gensubstitution sozusagen den Phänotyp modulieren und verändern kann. Sie sprachen vorhin davon, daß man nach Paris gehen mußte, um mit solchen Retroviren zu arbeiten.

Herr Sandhoff: Bei uns ist die bürokratische Hürde zu groß.

Herr Assmann: Was könnte denn die Akademie tun, um der Bürokratie etwas die Flügel zu stutzen?

Herr Sandhoff: Ich meine, die Gesetze müßten vereinfacht werden, und man müßte uns einen Leitfaden an die Hand geben, wie man Genehmigungen zügig erhalten kann. Wir haben schließlich anderes zu tun. Als Chemiker sind wir plötzlich mit dem Gentechnikgesetz konfrontiert und stehen dann möglicherweise schon mit einem Bein im Gefängnis, wenn man mit Retroviren arbeitet. Dann lasse ich lieber die Finger davon.

Ein Kommentar zu den Knockout-Mäusen. Die erste Knockout-Maus, die in Amerika gemacht worden ist, war für das Lesch-Nyhan-Syndrom, beim Menschen eine fürchterliche erbliche Verhaltenskrankheit. Die Erkrankten beißen ihre Finger ab, wenn man ihnen nicht die Zähne zieht. Das geschieht zwanghaft, obwohl es wehtut.

Als die erste Lesch-Nyhan-Maus da war, war die Überraschung groß, weil die Maus gesund und happy heruṃsprang. Die Maus ist eben kein Mensch. Die Regulation des Nukleotid-Stoffwechsels ist bei beiden Säugern unterschiedlich.

Für die Krankheit, über die ich Ihnen heute erzählt habe, gibt es auch eine Knockout-Maus, die ein mit uns kooperierendes Labor gemacht hat. Wir haben die Zellen dieser Knockout-Maus untersucht. Ihr Gangliosidstoffwechsel ist ebenfalls anders als der menschlicher Zellen:

Neben dem Hauptabbauweg über die Hexosaminidase A und dem GM2-Aktivator gibt es bei der Maus wohl noch zwei langsame Nebenwege für den Abbau des Gangliosids GM2. Diese werden von einer Sialidase bzw. von der Hexosaminidase B katalysiert.

Das heißt, der bei der Maus durch die Knockout-Technik gesetzte Block wird durch zwei, wenn auch wenig effektive Wege, langsam umgangen. Es kommt zu einer Umschiffung des Blocks, wie es beim Menschen so nicht möglich ist. Deswegen entwickelt sich die Krankheit bei der Maus langsamer und milder. Man muß also sehr gut analysieren, um die möglichen Verzweigungen einzelner Stoffwechselwege aufzufinden.

Herr Assmann: Es gibt natürlich viele andere Beispiele, wo das nicht zutrifft, wo der Phänotyp bei der Maus ähnlich wie beim Menschen ist.

Herr Sandhoff: Ja, das ist richtig. Ich habe Ihnen Beispiele gegeben, wo das eben nicht unbedingt so ist.

Herr Höcker: Die Liftase ist ja ein interessantes Protein. Gibt es Informationen zur Struktur der Liftase?

Herr Sandhoff: Ja. Wir kennen natürlich die Aminosäuresequenz und den Zuckeranteil. Was wir nicht kennen, ist die Raumstruktur, also die Röntgenstruktur. Wir haben deshalb das Protein überexprimiert und es rein dargestellt.

Wir haben Minikristalle, die aber für Strukturanalysen nicht geeignet sind. Auch bei den NMR-Analysen gibt es Schwierigkeiten, weil das Protein schlecht löslich ist. Man braucht etwa eine Löslichkeit von 10 Milligramm pro Milliliter, um es gut untersuchen zu können. Wir kommen aber auf höchstens 1 Milligramm pro Milliliter, darüber fällt es langsam aus.

Das liegt in der Natur der Dinge selbst. Die Liftase hat eine hydrophobe Seite, um Lipide zu binden. Über diese kann sie aggregieren, um dann zu präzipitieren.

Das zweite Problem ist: Wenn wir die Liftase in Bakterien exprimieren, erhalten wir ein zuckerfreies Protein. Dadurch wird die Liftase noch unlöslicher. Wenn wir es in Insektenzellen exprimieren – das haben wir gemacht –, dann ist die Ausbeute miserabel.

Wir können vielleicht auch keine hohen Ausbeuten erwarten, da das zu exprimierende Protein in höheren Konzentrationen als Lipidbindungsprotein membranzerstörend wirken dürfte. Wir haben aber die Hoffnung nicht aufgegeben und versuchen die Produktion mit anderen Methoden aufzubauen. Als Ziel schwebt mir vor, die Struktur des Gangliosid-Liftasekomplexes zu analysieren.

*Veröffentlichungen
der Nordrhein-Westfälischen Akademie der Wissenschaften*

Neuerscheinungen 1989 bis 1996

Vorträge N Heft Nr.		NATUR-, INGENIEUR- UND WIRTSCHAFTSWISSENSCHAFTEN
375	*Frank Natterer, Münster*	Mathematische Methoden der Computer-Tomographie
	Rolf W. Günther, Aachen	Das Spiegelbild der Morphe und der Funktion in der Medizin
376	*Wilhelm Stoffel, Köln*	Essentielle makromolekulare Strukturen für die Funktion der Myelinmembran des Zentralnervensystems
377	*Hans Schadewaldt, Düsseldorf*	Betrachtungen zur Medizin in der bildenden Kunst
378	*6. Akademie-Forum*	Arzt und Patient im Spannungsfeld: Natur – technische Möglichkeiten – Rechtsauffassung
	Wolfgang Klages, Aachen	Patient und Technik
	Hans-Erhard Bock, Tübingen, Hans-Ludwig Schreiber, Hannover	Patientenaufklärung und ihre Grenzen
	Herbert Weltrich, Düsseldorf	Ärztliche Behandlungsfehler
	Paul Schölmerich, Mainz	Ärztliches Handeln im Grenzbereich von Leben und Sterben
	Günter Solbach, Aachen	
379	*Hermann Flohn, Bonn*	Treibhauseffekt der Atmosphäre: Neue Fakten und Perspektiven
	Dieter Hans Ehhalt, Jülich	Die Chemie des antarktischen Ozonlochs
380	*Gerd Herziger, Aachen*	Anwendungen und Perspektiven der Lasertechnik
	Manfred Weck, Aachen	Erhöhung der Bearbeitungsgenauigkeit – eine Herausforderung an die Ultrapräzisionstechnik
381	*Wilfried Ruske, Aachen*	Planung, Management, Gestaltung – aktuelle Aufgaben des Stadtbauwesens
382	*Sebastian A. Gerlach, Kiel*	Flußeinträge und Konzentrationen von Phosphor und Stickstoff und das Phytoplankton der Deutschen Bucht
	Karsten Reise, Sylt	Historische Veränderungen in der Ökologie des Wattenmeeres
383	*Lothar Jaenicke, Köln*	Differenzierung und Musterbildung bei einfachen Organismen
	Gerhard W. Roeb, Fritz Führ, Jülich	Kurzlebige Isotope in der Pflanzenphysiologie am Beispiel des ^{11}C-Radiokohlenstoffs
384	*Sigrid Peyerimhoff, Bonn*	Theoretische Untersuchung kleiner Moleküle in angeregten Elektronenzuständen
	Siegfried Matern, Aachen	Konkremente im menschlichen Organismus: Aspekte zur Bildung und Therapie
385	*Parlamentarisches Kolloquium*	Wissenschaft und Politik – Molekulargenetik und Gentechnik in Grundlagenforschung, Medizin und Industrie
386	*Bernd Höfflinger, Stuttgart*	Neuere Entwicklungen der Silizium-Mikroelektronik
387	*János Kertész, Köln*	Tröpfchenmodelle des Flüssig-Gas-Übergangs und ihre Computer-Simulation
388	*Erhard Hornbogen, Bochum*	Legierungen mit Formgedächtnis
389	*Otto D. Creutzfeld; Göttingen*	Die wissenschaftliche Erforschung des Gehirns: Das Ganze und seine Teile
390	*Friedhelm Stangenberg, Bochum*	Qualitätssicherung und Dauerhaftigkeit von Stahlbetonbauwerken
391	*Helmut Domke, Aachen*	Aktive Tragwerke
392	*Sir John Eccles, Contra*	Neurobiology of Cognitive Learning
393	*Klaus Kirchgässner, Stuttgart*	Struktur nichtlinearer Wellen – ein Modell für den Übergang zum Chaos
394	*Hermann Josef Roth, Tübingen*	Das Phänomen der Symmetrie in Natur- und Arzneistoffen
	Rudolf K. Thauer, Marburg	Warum Methan in der Atmosphäre ansteigt. Die Rolle von Archaebakterien
395	*Guy Ourisson, Straßburg*	Die Hopanoide
	Werner Schreyer, Bochum	Ultra-Hochdruckmetamorphose von Gesteinen als Resultat von tiefer Versenkung kontinentaler Erdkruste

396	Gottfried Bombach, Basel	Zyklen im Ablauf des Wirtschaftsprozesses – Mythos und Realität
	Knut Bleicher, St Gallen	Unternehmungsverfassung und Spitzenorganisation in internationaler Sicht
397	Jean-Michel Grandmont, Paris	Expectations Driven Nonlinear Business Cycles
	Martin Weber, Kiel	Ambiguitätseffekte in experimentellen Märkten
398	Alfred Pühler, Bielefeld	Bakterien–Pflanzen–Interaktion: Analyse des Signalaustausches zwischen den Symbiosepartnern bei der Ausbildung von Luzerneknöllchen
399	Horst Kleinkauf, Berlin	Enzymatische Synthese biologisch aktiver Antibiotikapeptide und immunologisch suppressiver Cyclosporinderivate
	Helmut Sies, Düsseldorf	Reaktive Sauerstoffspezies: Prooxidantien und Antioxidantien in Biologie und Medizin
400	Herbert Gleiter, Saarbrücken	Nanostrukturierte Materialien
	Hans Lüth, Jülich	Halbleiterheterostrukturen: Große Möglichkeiten für die Mikroelektronik und die Grundlagenforschung
401	Gerhard Heimann, Aachen	Medikamentöse Therapie im Kindesalter
	Egon Macher, Münster/Westf.	Die Haut als immunologisch aktives Organ
402	Konstantin-Alexander Hossmann, Köln	Mechanismen der ischämischen Hirnschädigung
	Herrmann M. Bolt, Dortmund	Zur Voraussagbarkeit toxikologischer Wirkungen: Kanzerogenität von Alkenen
403	Volker Weidemann, Kiel	Endstadien der Sternentwicklung
	Alfred Müller, Erlangen	Quantenmechanische Rotationsanregungen in Kristallen
404	Matthias Kreck, Mainz	Positive Krümmung und Topologie
405	Benno Parthier, Halle	Problemfelder der zusammengefügten deutschen Wissenschaftslandschaft
	Erhard Hornbogen, Bochum	Kreislauf der Werkstoffe
406	Hubert Markl, Konstanz, Berlin	Wissenschaftliche Eliten und wissenschaftliche Verantwortung in der industriellen Massengesellschaft
407	Joachim Trümper, Garching	Was der Röntgensatellit ROSAT entdeckte
	Dietrich Neumann, Köln	Ökologische Probleme im Rheinstrom
408	Wilfried Werner, Bonn	Recycling biogener Siedlungsabfälle in der Landwirtschaft
409	Holger W. Jannasch, Woods Hole MA	Neuartige Lebensformen an den Thermalquellen der Tiefsee
410	Hartmut Zabel, Bochum	Epitaxielle Schichten: Neue Strukturen und Phasenübergänge
	Eckart Kneller, Bochum	Der Austauschfeder-Magnet: Ein neues Materialprinzip für Permanentmagnete
411	Brigitte M. Jockusch, Braunschweig	Architekturelemente tierischer Zellen
412	Alfred Fettweis, Bochum	Numerische Integration partieller Differentialgleichungen mit Hilfe diskreter passiver dynamischer Systeme
413	Ernst, Bayer, Tübingen	Theorie und Praxis der Niedertemperaturkonvertierung zur Rezyklisierung von Abfällen
	Hansjörg Sinn, Hamburg	Wertstoff- und Energie-Rückgewinnung aus hochkalorigen Abfallstoffen wie Altreifen und Kunststoff-Schrott
414	Wolfgang Priester, Bonn	Über den Ursprung des Universums: Das Problem der Singularität
415	Wilhelm Stoffel, Köln	Serendipity: Eine neue Glutamat-Neurotransmitter-Transporter-Familie und ihre pathogenetische Bedeutung
416	Dieter Richter, Jülich	Viskoelastizität und mikroskopische Bewegung in dichten Polymersystemen
417	Hans Mohr, Freiburg	Waldschäden in Mitteleuropa – was steckt dahinter?
418	Matthias Mertmann, Bochum	Greifmechanismus aus neuen Verbundwerkstoffen mit Zweiweg-Formgedächtnis
	Wolfgang Gärtner, Mülheim a. d. Ruhr	Die Funktion biologischer photosensorischer Pigmente
419	Fritz Vögtle, Bonn	Neue Catenane und Rotaxane in der Supramolekularen Chemie
	Andreas Stork, Jülich	Windkanalanlage zur Bestimmung der gasförmigen Verluste von Umweltchemikalien aus dem System Boden/Pflanze unter feldnahen Bedingungen
	Heinrich Ostendarp, Aachen	Entwicklung neuer Bildaufzeichnungs- und Auswertungstechniken für die holografische Interferometrie
420	Martin Jansen, Bonn	Wege zu Festkörpern jenseits der thermodynamischen Stabilität
421	Hans-Werner Sinn, München	Volkswirtschaftliche Probleme der Deutschen Vereinigung
422	Konrad Sandhoff, Bonn	Glykolipide der Zelloberfläche und die Pathobiochemie der Zelle

ABHANDLUNGEN

Band Nr.		
72	*(Sammelband)*	Studien zur Ethnogenese
	Wilhelm E. Mühlmann	Ethnogonie und Ethnogenese
	Walther Heissig	Ethnische Gruppenbildung in Zentralasien im Licht mündlicher und schriftlicher Überlieferung
	Karl J. Narr	Kulturelle Vereinheitlichung und sprachliche Zersplitterung: Ein Beispiel aus dem Südwesten der Vereinigten Staaten
	Harald von Petrikovits	Fragen der Ethnogenese aus der Sicht der römischen Archäologie
	Jürgen Untermann	Ursprache und historische Realität. Der Beitrag der Indogermanistik zu Fragen der Ethnogenese
	Ernst Risch	Die Ausbildung des Griechischen im 2. Jahrtausend v. Chr.
	Werner Conze	Ethnogenese und Nationsbildung – Ostmitteleuropa als Beispiel
74	Alf Önnerfors, Köln	Willem Jordaens, *Conflictus virtutum et viciorum*. Mit Einleitung und Kommentar
75	Herbert Lepper, Aachen	Die Einheit der Wissenschaften: Der gescheiterte Versuch der Gründung einer „Rheinisch-Westfälischen Akademie der Wissenschaften" in den Jahren 1907 bis 1910
76	Werner H. Hauss, Münster	Fourth Münster International Arteriosclerosis Symposium: Recent Advances in Arteriosclerosis Research
	Robert W. Wissler, Chicago	
	Jörg Grünwald, Münster	
77	Elmar Edel, Bonn	Die ägyptisch-hethitische Korrespondenz (2 Bände)
78	*(Sammelband)*	Studien zur Ethnogenese, Band 2
	Rüdiger Schott	Die Ethnogenese von Völkern in Afrika
	Siegfried Herrmann	Israels Frühgeschichte im Spannungsfeld neuer Hypothesen
	Jaroslav Šašel	Der Ostalpenbereich zwischen 550 und 650 n. Chr.
	András Róna-Tas	Ethnogenese und Staatsgründung. Die türkische Komponente bei der Ethnogenese des Ungartums
	Register zu den Bänden 1 (Abh 72) und 2 (Abh 78)	
79	Hans-Joachim Klimkeit, Bonn	Hymnen und Gebete der Religion des Lichts. Iranische und türkische Texte der Manichäer Zentralasiens
80	Friedrich Scholz, Münster	Die Literaturen des Baltikums. Ihre Entstehung und Entwicklung
81	Walter Mettmann, Münster (Hrsg.)	Alfonso de Valladolid, *Ofrenda de Zelos* und *Libro de la Ley*
82	Werner H. Hauss, Münster	Fifth Münster International Arteriosclerosis Symposium: Modern Aspects of the Pathogenesis of Arteriosclerosis
	Robert W. Wissler, Chicago	
	H.-J. Bauch, Münster	
83	Karin Metzler, Frank Simon, Bochum	Ariana et Athanasiana. Studien zur Überlieferung und zu philologischen Problemen der Werke des Athanasius von Alexandrien.
84	Siegfried Reiter / Rudolf Kassel, Köln	Friedrich August Wolf. Ein Leben in Briefen. Ergänzungsband, I: Die Texte; II: Die Erläuterungen
85	Walther Heissig, Bonn	Heldenmärchen versus Heldenepos? Strukturelle Fragen zur Entwicklung altaischer Heldenmärchen
86	Hans Rothe, Bonn	*Die Schlucht*. Ivan Gontscharov und der „Realismus" nach Turgenev und vor Dostojevski (1849–1869)
87	Werner H. Hauss, Münster	Sixth Münster International Arteriosclerosis Symposium: New Aspects of Metabolismn and Behaviour of Mesenchymal Cells during the Pathogenesis of Arteriosclerosis
	Robert W. Wissler; Chicago	
	H.-J. Bauch, Münster	
88	Peter Zieme, Berlin	Religion und Gesellschaft im Uigurischen Königreich von Qočo
89	Karl H. Menges, Wien	Drei Schamanengesänge der Ewenki-Tungusen Nord-Sibiriens
90	Christel Butterweck, Halle	Athanasius von Alexandrien: Bibliographie
91	T. Čertorickaja, Moskau	Vorläufiger Katalog Kirchenslavischer Homilien des beweglichen Jahreszyklus
92	Walter Mettmann, Münster (Hrsg.)	Alfonso de Valladolid, *Mostrador de Justicia*
93	Werner H. Hauss, Münster	Seventh Münster International Arteriosclerosis Symposium: New Pathogenic Aspects of Arteriosclerosis Emphasizing Transplantation Atheroarteritis
	Robert W. Wissler, Chicago	
	Hans-Joachim Bauch, Münster (Eds.)	
94	Helga Giersiepen, Bonn	Inschriften bis 1300. Probleme und Aufgaben ihrer Erforschung
	Raymund Kottje, Bonn (Hrsg.)	
95	Walther Heissig, Bonn (Hrsg.)	Formen und Funktion mündlicher Tradition
97	Rudolf Schieffer, München (Hrsg.)	Schriftkultur und Reichsverwaltung unter den Karolingern

Sonderreihe PAPYROLOGICA COLONIENSIA

Vol. VII		Kölner Papyri (P. Köln)
Bärbel Kramer und Robert Hübner (Bearb.), Köln		Band 1
Bärbel Kramer und Dieter Hagedorn (Bearb.), Köln		Band 2
Bärbel Kramer, Michael Erler, Dieter Hagedorn und Robert Hübner (Bearb.), Köln		Band 3
Bärbel Kramer, Cornelia Römer und Dieter Hagedorn (Bearb.), Köln		Band 4
Michael Gronewald, Klaus Maresch und Wolfgang Schäfer (Bearb.), Köln		Band 5
Michael Gronewald, Bärbel Kramer, Klaus Maresch, Maryline Parca und Cornelia Römer (Bearb.)		Band 6
Michael Gronewald, Klaus Maresch (Bearb.), Köln		Band 7
Vol. VIII: *Sayed Omar (Bearb.), Kairo*		Das Archiv des Soterichos (P. Soterichos)
Vol. IX		Kölner ägyptische Papyri (P. Köln ägypt.)
Dieter Kurth, Heinz-Josef Thissen und Manfred Weber (Bearb.), Köln		Band 1
Vol. X: *Jeffrey S. Rusten, Cambridge, Mass.*		Dionysius Scytobrachion
Vol. XI: *Wolfram Weiser, Köln*		Katalog der Bithynischen Münzen der Sammlung des Instituts für Altertumskunde der Universität zu Köln Band 1: Nikaia. Mit einer Untersuchung der Prägesysteme und Gegenstempel
Vol. XII: *Colette Sirat, Paris u. a.*		La *Ketouba* de Cologne. Un contrat de mariage juif à Antinoopolis
Vol. XIII: *Peter Frisch, Köln*		Zehn agonistische Papyri
Vol. XIV: *Ludwig Koenen, Ann Arbor* *Cornelia Römer (Bearb.), Köln*		Der Kölner Mani-Kodex. Über das Werden seines Leibes. Kritische Edition mit Übersetzung.
Vol. XV: *Jaakko Frösen, Helsinki/Athen* *Dieter Hagedorn, Heidelberg (Bearb.))*		Die verkohlten Papyri aus Bubastos (P. Bub.) Band 1
Vol. XVI: *Robert W. Daniel, Köln* *Franco Maltomini, Pisa (Bearb.)*		Supplementum Magicum Band 1 Band 2
Vol. XVII: *Reinhold Merkelbach,* *Maria Totti (Bearb.), Köln*		Abrasax. Ausgewählte Papyri religiösen und magischen Inhalts Band 1 und Band 2: Gebete Band 3: Zwei griechisch-ägyptische Weihezeremonien
Vol. XVIII: *Klaus Maresch, Köln* *Zola M. Packmann, Pietermaritzburg, Natal (eds.)*		Papyri from the Washington University Collection, St. Louis, Missouri
Vol. XIX: *Robert W. Daniel, Köln (ed.)*		Two Greek Papyri in the National Museum of Antiquities in Leiden
Vol. XX: *Erika Zwierlein-Diehl, Bonn (Bearb.)*		Magische Amulette und andere Gemmen des Instituts für Altertumskunde der Universität zu Köln
Vol. XXI: *Klaus Maresch, Köln*		Nomisma und Nomismatia. Beiträge zur Geldgeschichte Ägyptens im 6. Jahrhundert n. Chr.
Vol. XXII: *Roy Kotansky, Santa Monica, Calif.*		Greek Magical Amulets. The Inscribed Gold, Silver, Copper, and Bronze Lamellae Part 1: Published Texts of Known Provenance
Vol. XXIII: *Wolfram Weiser, Köln*		Katalog ptolemäischer Bronzemünzen der Sammlung des Instituts für Altertumskunde der Universität zu Köln
Vol. XXIV: *Cornelia Eva Römer, Köln*		Manis frühe Missionsreisen nach der Kölner Manibiographie
Vol. XXV: *Klaus Maresch, Köln*		Bronze und Silber. Papyrologische Beiträge zur Geschichte der Währung im ptolemäischen und römischen Ägypten

MIX
Papier aus verantwortungsvollen Quellen
Paper from responsible sources
FSC® C105338

If you have any concerns about our products,
you can contact us on
ProductSafety@springernature.com

In case Publisher is established outside the EU,
the EU authorized representative is:
**Springer Nature Customer Service Center GmbH
Europaplatz 3, 69115 Heidelberg, Germany**

Printed by Libri Plureos GmbH
in Hamburg, Germany